烹饪专业及餐饮运营服务系列教材
中等职业教育餐饮类专业核心课程教材
国家新闻出版署"2020年农家书屋重点出版物"

# MAKING CHINESE DIM SUM

# 中式面点制作

## （第2版）

主 编 王 悦

副主编 秦 辉 阳德明 张 哲

旅游教育出版社

·北京·

**图书在版编目（CIP）数据**

中式面点制作 / 王悦主编. -- 2版. -- 北京 : 旅游教育出版社, 2022.1

烹饪专业及餐饮运营服务系列教材

ISBN 978-7-5637-4341-4

Ⅰ. ①中… Ⅱ. ①王… Ⅲ. ①面食—制作—中国—中等专业学校—教材 Ⅳ. ①TS972.116

中国版本图书馆CIP数据核字(2021)第244624号

烹饪专业及餐饮运营服务系列教材

# 中式面点制作

### （第 2 版）

主编　王悦

副主编　秦辉　阳德明　张哲

| | |
|---|---|
| 策　　划 | 景晓莉 |
| 责任编辑 | 景晓莉 |
| 出版单位 | 旅游教育出版社 |
| 地　　址 | 北京市朝阳区定福庄南里 1 号 |
| 邮　　编 | 100024 |
| 发行电话 | （010）65778403　65728372　65767462（传真） |
| 本社网址 | www.tepcb.com |
| E - mail | tepfx@163.com |
| 排版单位 | 北京旅教文化传播有限公司 |
| 印刷单位 | 北京市泰锐印刷有限责任公司 |
| 经销单位 | 新华书店 |
| 开　　本 | 787 毫米 × 1092 毫米　1/16 |
| 印　　张 | 9.75 |
| 字　　数 | 106 千字 |
| 版　　次 | 2022 年 1 月第 2 版 |
| 印　　次 | 2022 年 1 月第 1 次印刷 |
| 定　　价 | 37.00 元 |

（图书如有装订差错请与发行部联系）

# 烹饪专业及餐饮运营服务系列教材
# 中等职业教育餐饮类 / 高星级酒店管理专业
# 核心课程教材

**《冷菜制作与艺术拼盘》（第2版）**
"十三五"职业教育国家规划教材
配教学微视频
ISBN 978-7-5637-4340-7

**《西式面点制作》（第2版）**
"十三五"职业教育国家规划教材
教育部·中等职业教育改革创新示范教材
国家新闻出版署"2020年农家书屋重点出版物"
配教学微视频
ISBN 978-7-5637-4338-4

**《热菜制作》（第2版）**
"十三五"职业教育国家规划教材
配教学微视频
ISBN 978-7-5637-4342-1

**《中式面点制作》（第2版）**
国家新闻出版署"2020年农家书屋重点出版物"
配教学微视频
ISBN 978-7-5637-4341-4

**《西餐制作》（第2版）**
"十三五"职业教育国家规划教材
教育部·中等职业教育改革创新示范教材
配教学微视频
ISBN 978-7-5637-4337-7

**《酒水服务》（第2版）**
"十三五"职业教育国家规划教材
配教学微视频
ISBN 978-7-5637-4357-5

**《食品雕刻》（第2版）**
"十三五"职业教育国家规划教材
配教学微视频
ISBN 978-7-5637-4339-1

**《西餐原料与营养》（第4版）**
"十三五"职业教育国家规划教材
配题库
ISBN 978-7-5637-4358-2

# 目 录

## 第一篇　中式面点厨房基础

### 模块 1　中式面点厨房基础

## 第二篇　中式面点基本操作技术

# 第三篇　中式面点制馅技术

# 第四篇　传统面点制作技术

# 第五篇　创新面点制作技术

# 第2版 出版说明

　　《中式面点制作》是在 2008 年首版《中式面点制作教与学》基础上改版而来，自出版以来，连续加印、不断再版。2020 年，改版后的《中式面点制作》入选"十三五"职业教育国家规划教材，同年，该教材入选国家新闻出版署"2020 年农家书屋重点出版物"。

　　为满足中等职业教育餐饮类专业人才的培养需求，贯彻落实《职业教育提质培优行动计划（2020—2023 年）》和《职业院校教材管理办法》精神，我们对《中式面点制作》进行了修订。此次修订，主要根据岗位实操需要，选择典型工作任务拍摄了中式面点基本功及五道面点的制作视频，每个视频又分为原材料准备、操作过程及操作关键三部分。通过观看教学微视频，能够更直观地把教学重难点讲解到位，提高学生对专业知识的理解能力和动手能力，全面系统地掌握各类中式面点的制作要领。

　　概括起来，第 2 版教材主要按以下要求修订：

　　（一）以马克思列宁主义、毛泽东思想、邓小平理论、"三个代表"重要思想、科学发展观、习近平新时代中国特色社会主义思想为指导，有机融入中华优秀传统文化、革命传统、法治意识和国家安全、民族团结以及生态文明教育，弘扬劳动光荣、技能宝贵、创造伟大的时代风尚，弘扬精益求精的专业精神、职业精神、工匠精神和劳模精神，努力构建中国特色、融通中外的概念范畴、理论范式和话语体系，防范错误政治观点和思潮的影响，引导学生树立正确的世界观、人生观和价值观，努力成为德智体美劳全面发展的社会主义建设者和接班人。

（二）内容科学先进、针对性强，公共基础课程教材要体现学科特点，突出职业教育特色。专业课程教材要充分反映产业发展最新进展，对接科技发展趋势和市场需求，及时吸收比较成熟的新技术、新工艺、新规范等。

（三）符合技术技能人才成长规律和学生认知特点，对接国际先进职业教育理念，适应人才培养模式创新和优化课程体系的需要，专业课程教材突出理论和实践相统一，强调实践性。适应项目学习、案例学习、模块化学习等不同学习方式要求，注重以真实生产项目、典型工作任务、案例等为载体组织教学单元。

（四）编排科学合理、梯度明晰，图文并茂，生动活泼，形式新颖。名称、名词、术语等符合国家有关技术质量标准和规范。

（五）符合知识产权保护等国家法律、行政法规，不得有民族、地域、性别、职业、年龄歧视等内容，不得有商业广告或变相商业广告。

《中式面点制作》是中等职业教育餐饮类专业核心课程教材，教材秉承做学一体能力养成的课改精神，适应项目学习、模块化学习等不同学习要求，注重以真实生产项目、典型工作任务等为载体组织教学单元。

教材以"篇"布局，分为中式面点厨房基础、基本操作技术、制馅技术、传统面点制作技术以及创新面点制作技术共五篇、16个模块、66个教学点。中式面点厨房基础篇概要介绍了常用设备与工具及其使用与保养；基本操作技术篇分为5个教学模块，内容涉及和面、揉面、搓条下剂、制皮及面点成型；制馅技术篇分为4个教学模块，内容涉及生咸馅、熟咸馅、生甜馅、熟甜馅的制作；传统面点制作技术篇分为 4 个教学模块，内容涉及广式面点制作技术、苏式面点制作技术、京式面点制作技术以及地方风味面点制作技术；创新面点制作技术篇分为 2 个教学模块，内容涉及原料创新和造型创新两部分。每道面点按知识要点、准备原料、技能训练、拓展空间、温馨提示五部分展开写作。知识要点部分，主要介绍了制作每一道中式面点必须掌握的基础知识和必备工具；准备原料部分，罗列了制作主辅料；技能训练部分，按操作流程进行讲解，分步骤阐述技能操作的先后顺次、标准及要点；拓展空间部分，为满足学生个性化需求准备了小技能或小知识；温馨提示部分，总结了为降低学习成本而建议采用的替换原料及其他注意事项。

教材配有彩图赏析二维码教学资源。通过配套教学资源的逐步完善，我们力求为学生提供多层次、全方位的立体学习环境，使学习者的学习不再受空间和时间的限制，从而推进传统教学模式向主动式、协作式、开放式的新型高效教学模式转变。

本教材既可作为中职院校学生的专业核心课教材，也可作为岗位培训教材。

旅游教育出版社

2022 年 1 月

# 第1版
# 出版说明

2005年，全国职教工作会议后，我国职业教育处在了办学模式与教学模式转型的历史时期。规模迅速扩大、办学质量亟待提高成为职业教育教学改革和发展的重要命题。

站在历史起跑线上，我们开展了烹饪专业及餐饮运营服务相关课程的开发研究工作，并先后形成了烹饪专业创新教学书系以及由中国旅游协会旅游教育分会组织编写的餐饮服务相关课程教材。

上述教材体系问世以来，得到职业教育学院校、烹饪专业院校和社会培训学校的一致好评，连续加印、不断再版。2018年，经与教材编写组协商，在原有版本基础上，我们对各套教材进行了全面完善和整合。

上述教材体系的建设为"烹饪专业及餐饮运营服务系列教材"的创新整合奠定了坚实的基础，中西餐制作及与之相关的酒水服务、餐饮运营逐步实现了与整个产业链和复合型人才培养模式的紧密对接。整合后的教材将引导读者从服务的角度审视菜品制作，用烹饪基础知识武装餐饮运营及服务人员头脑，并初步建立起菜品制作与餐饮服务、餐饮运营相互补充的知识体系，引导读者用发展的眼光、互联互通的思维看待自己所从事的职业。

首批出版的"烹饪专业及餐饮运营服务系列教材"主要有《热菜制作》《冷菜制作与艺术拼盘》《食品雕刻》《中式面点制作》《西式面点制作》《西餐制作》《西餐烹饪英语》《西餐原料与营养》《酒水服务》共9个品种，以后还将陆续开发餐饮业成本控制、餐饮运营等品种。

为便于老师教学和学生学习，本套教材同步开发了数字教学资源。

旅游教育出版社

2019.1

# 第一篇

## 中式面点厨房基础

工具与设备，是制作面点的重要物质条件，了解其使用性能，对于掌握面点制作技能、提高成品质量和工作效率有着重要意义。

# 模块 1
## 中式面点厨房基础

## 01
### 基础 设备

制作中式面点的主要设备按性质分，可分为下列几类：

第一类，机械设备类：机械设备如搅拌机、压面机、绞肉机、磨浆机、面条机、月饼成型机等。

第二类，加热成熟设备类：如蒸汽型蒸煮灶、燃烧型蒸煮灶、远红外线烘烤炉、烤盘架、烤盘、远红外多功能型电蒸锅、微波炉等。

第三类，恒温设备类：恒温设备，如发酵箱、电冰柜（箱）、制冷机、冰激凌机等。

第四类，案台类：案台是做面食、切菜用的板子，下面用支架架起，主要有木质和不锈钢等材质。在此处，主要用于制作各种中式面点。

## 02
### 基础 工具

制作中式面点的主要工具，按面点的制作工艺分，可分为下列几类：

第一类，制皮工具：制皮工具，如擀面杖、通心槌、单手棍、双手杖、橄榄杖、花棍等。

第二类，成型工具：如印模、套模、模具、裱花嘴等。

第三类，成熟工具：如铁锅、高压锅、炒勺、笊篱、油缸等。

第四类，其他工具：如刮刀、抹刀、锯齿刀、拍皮刀、菜刀、筛网、蛋抽、馅挑、小剪刀、秤、量杯、调味盒、砧板等。

# 03
## 基础 面点制作设备与工具的使用及保养

由于制作中式面点的主要工具与设备的种类较多，其性能、特点、作用均不一样，对其使用与保养的方法也各不相同，这里只就共性的地方提出如下使用与保养建议。

第一，熟悉设备、工具的性能：使用工具、设备时，应先熟悉各种工具、设备的性能。上岗前，必须进行有关设备的结构、性能、操作、维护以及技术安全方面的教育与学习。在未学会操作前，切勿盲目操作，以免发生事故或损坏机件。

第二，编号登记、专人保管：在使用过程中，应当对面点主要工具与设备进行分类、编号登记，或设专人负责保管。对于常用的炊具设备应根据制作面点的不同工艺流程，合理设计其安装位置。

第三，保持工具、设备清洁卫生：工具、设备清洁卫生与否，将直接影响面点制品的卫生情况，特别是有些工具是制品成熟后才使用的，如裱花嘴、分割面点的刀具等，因此，保持这些设备、工具清洁卫生，有着十分重要的意义。一般应做好以下几方面的工作。

（1）必须保持用具清洁，并定时严格消毒。所用案板、擀面棍、刮刀等，用后必须洗刷干净；蒸笼、烤盘以及木制模具等，用后必须清洗，并放于通风干燥处；必须经常擦拭铁器、铜器等金属设备，以免生锈。所有的工具及设备，每隔一定时期，就要用合适的方法进行严格消毒。

（2）生、熟制品用具，必须严格分开使用，以免引起交叉污染，危害人体健康。

（3）应建立严格的用具专用制度，做到专具专用。避免发生以下情况，如砧板用来切菜、剁肉，兼做吃饭、睡觉之用；笼屉布、笼垫等用后不立即洗净、晾干，随意做抹布用。

第四，注意对设备进行维护和检修：对设备的传动部件，如轴承等，应按时添加润滑油；应按电机容量使用电机，严禁超负荷运行；在非工作状态下，应给设备罩上防护罩。使用设备前，必须检查设备，确认设备清洁、无故障，处于完好的工作状态后再使用。另外，还要定期维修设备，及时更换损坏的机件。

第五，加强安全操作力度。

（1）操作设备时，思想必须集中，严禁谈笑操作。使用设备时，不得任意离岗；必须离岗时，应停机切断电源。停电时或动力供应中断时，应切断各类开关和阀门，使设备返回起始位置，将操作手柄返回非工作位置。

（2）不得在设备上堆放工具等杂物，设备周围场地应整洁。对设备危险部位，应加盖保护罩、保护网等装置，并不得随意摘除。

（3）制定严格的安全责任制度，并认真遵守执行。

# 04
# 🄱础 安全使用易燃易爆物品

面点生产操作中的易燃易爆物品，主要有油脂、柴油、液化气等，它们的特点是挥发性强，遇明火可迅速燃烧且易爆。

第一，安全使用：使用易爆物品前，必须了解其性能和工作原理，然后方可使用。使用时，应严格登记制度，注明用途、使用范围等。操作时，应严格遵守操作程序，远离明火。

第二，安全储存：应将易爆物品存放在固定地方，并由专人负责保管。应在盛放易爆物品容器的明显位置处注明其名称和性质。凡怕光的物品，应放入染色容器或指定容器内，存放于阴凉避光处。

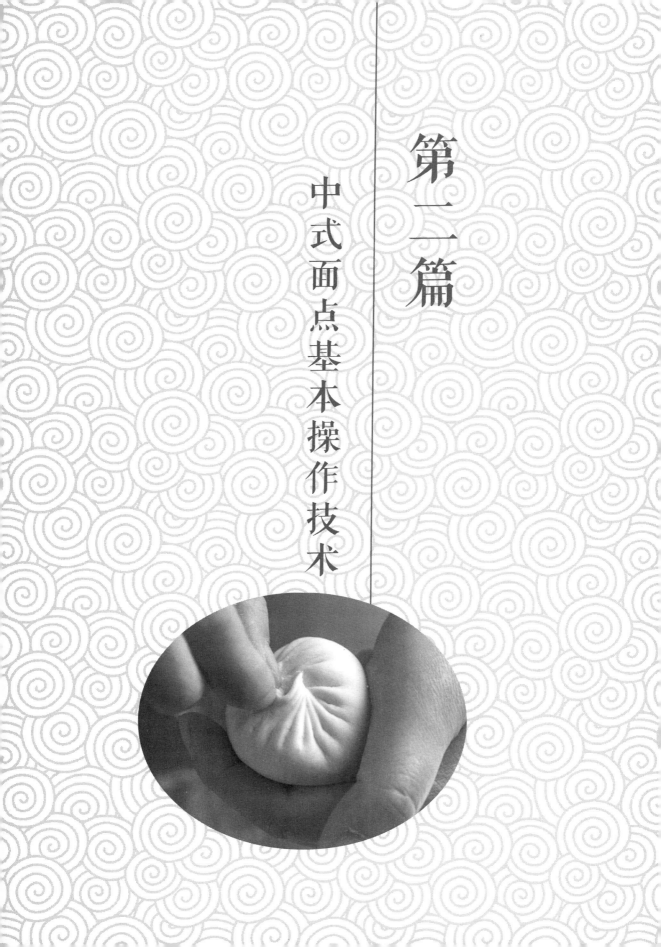

第二篇

中式面点基本操作技术

在行业内，面点基本操作技术通常被称为制作面点的"基本功"。从面点制作的工艺流程来看，面点基本操作技术包括和面、揉面、搓条、下剂、制皮、成型等操作环节。每种基本操作技术间是紧密联系的，如果某个环节操作不好，就会影响到制品的质量。

　　面点制作基本功最能体现面点制作人员的技术水平，只有经过不断练习和较长时间的探索，才能练好这些功夫。

# 模块 2
## 和面

1. 和面：是指将粉料与水或其他辅料掺和调匀成面团的过程，它是面点制作的第一道工序，也是最重要的一道工序。和面的质量，将直接影响下一个操作流程和成品质量。

2. 和面的方法：

（1）抄拌法：将面粉放入容器内，在中间扒开一个面窝，加入水，双手由外向内从容器底部向上反复抄拌，直到面粉与水充分混合成薄片状为止。

（2）调和法：将面粉放在案板上，开面窝围成中凹边厚的圆形，将适量水倒入面窝间。双手手指张开，从内向外，先慢后快，逐步调和，使面粉与水充分结合成薄片状为止。

（3）搅拌法：将面粉放入容器内，左手浇水，右手持工具搅拌，边浇水边搅拌，搅拌速度先慢后快，把面粉搅成团状即可。这种方法一般用于调制烫面、蛋糕面等。

3. 主要工具：和面的主要工具有案台、刮刀、小秤、量杯等。

# 05 冷水面团
**技术**

◀ **准备原料** ▶

面粉 500 克、冷水 250 克

◀ **技能训练** ▶

1. 将面粉倒在案板上或放入容器中，用手在面粉中间扒开一个面窝，将低于 30℃的冷水分次加入面窝中并不断抄拌（见图 1、图 2）。

2. 将面粉用力反复揉搓成面团，揉至面团表面光滑并不粘手为止（见图 3）。

3. 在面团上盖一块洁净的湿布，静置一段时间备用。

4. 和面过程中，要将粘在手上和案板上的少量湿面用刮刀刮去。收尾工作要做到面光、手光、案板光。

◀ **拓展空间** ▶

### 小知识——冷水面团

冷水面团韧性强、质地坚实、筋力大、延伸性强，制出的成品爽口而筋道、耐饥、不易破碎，但面团暴露在空气中容易变硬。此类面团一般用来制作一些水煮的制品，如面条、水饺、馄饨、刀削面等，如果炸制或煎制食品，则成品香脆、质地酥松。

1. 要用温度计测好水温，以保证用低于30℃水温的水调制面团。

2. 和面时，应根据成品品种、季节、面团性质及面粉的吸水能力合理确定掺水量。加水时，应分次掺入，以保证面团的软硬度符合制作品种的要求。

3. 一次掺水不能太多，否则，面粉吃水不透容易让水外溢。

4. 和面姿势要正确。和面时，两脚应分开，站成八字步，站立端正，不可左右倾斜，上身可向前稍弯，亦可在适当时间采用马步。身体离案板应有一拳的距离。注意用力得当，以免扭伤手腕。

# 06

## 技术 温水面团

◆ 准备原料 ▶

面粉 500 克、温水 300 克

◆ 技能训练 ▶

1. 将面粉倒在案板上或放入容器中。

2. 在面粉中间用手扒开一个面窝。

3. 分次掺入 50℃左右的温水，用筷子由内向外逐步旋转，先慢后快，使面粉与水混合均匀呈薄片状（见图 1）。

4. 将薄片状面在案板上摊开，让热气散尽（见图 2）。

5. 用力反复将薄片状面揉搓成面团，揉至面团表面光滑并不粘手为止。

6. 在面团上盖一块洁净的湿布，静置一段时间备用。

小知识——温水面团

温水面团，色白、有韧性，但较松软，筋力比冷水面团稍差，可塑性强，便于包捏，制品不易走样，一般用来制作各种花色蒸饺及家常饼。

花色蒸饺，是工艺较为复杂的品种，将温水面团经擀皮、上馅、捏制、着色、成熟等工序后，能制出花鸟、虫鱼、飞禽走兽及果品等象形蒸饺。

## 温馨提示

1. 调制温水面团时，应掌握好水温，以50℃左右为宜，最高不能超过60℃，否则，会影响温水面团的韧性与弹性。

2. 揉制面团前必须散尽面团中的热气，这样才能保证温水面团制品的口感。

3. 右手五指张开，用由内向外旋转的方法反复练习调制温水面团。

4. 揉制时，动作要干净利落，以使面粉颗粒均匀吃水。

5. 一定要掌握好调制速度，先要慢，让面粉颗粒充分吸收水分；后要快，保证面粉颗粒均匀受热。

# 07

## 技术 开水面团

### ◀ 准备原料 ▶

面粉 500 克、开水 750 克、冷水 50 克

### ◀ 技能训练 ▶

1. 将面粉放入和面盆中。

2. 在面粉中间扒一个小窝，先将 100℃ 左右的开水倒满小窝，再均匀地浇在面粉四周静置 30 秒（见图 1）。

3. 用筷子搅拌面粉至无白色颗粒为止（见图 2）。

4. 将面粉摊开凉凉后，淋上冷水揉成面团。

5. 在揉好的面团上盖一块湿布，以防面团被风干。

### ◀ 拓展空间 ▶

#### 小知识——开水面团

开水面团，黏、糯、柔软而无劲，但可塑性好，制品不易走样，带馅制品不易漏汁，易成熟。开水面团成熟后，色泽较暗，呈青灰色，吃口细腻软糯易于被人体消化吸收。开水面团，一般用来制作煎、炸品种，如牛肉锅贴、炸盒子，另外，蒸饺、烧卖也用开水面团制作。

1. 和面时，要均匀浇入开水，使面粉中的淀粉充分吸水糊化产生黏性，使蛋白质变性，避免产生筋力。

2. 应按照标准量掺水，水掺得少，则面粉烫不匀、烫不透，面团干硬；水掺得多，则面团太软，不利于成型，如追加生粉，则很难调匀，会影响和面的质量。

3. 要将面团中的热气散尽，否则，淤积的热气会使面团表层结皮、粗糙、易开裂。

4. 将面团揉搓至表面光滑即可，不可过度揉搓，以免面团筋力增加，影响成品质量。

5. 必须淋入冷水后再揉成团，这样，面团有糯性。

6. 和面量较多时，可用搅拌机搅拌。教师应给学生示范如何安全使用搅拌机。

# 模块 3
## 揉面

◀ 知识要点 ▶

1. 揉面：揉面，就是将面团的原辅料在外力作用下混合均匀的过程，使面团达到增筋、柔润、光滑等要求，为下一步操作打下良好的基础。

2. 揉面的方法：根据不同面团的特性，可将揉面的方法分为揉制法、擦制法、搋制法等几种。

3. 主要工具：揉面的主要工具有案台、刮刀等。

# 08
## 技术 揉制法揉面

◀ 技能训练 ▶

第一，叠揉法

在开始揉面时，只能用双手将面团由外向内收拢，一边收一边用力下压，使散状面团紧密结合。一旦收拢完毕，双手则由外向内先下压后外推，反复多次（见图）。

第二，转揉法

用左手辅助右手揉，使面团朝一个方向转动。每次揉完一个轮回后，面团会出现一个"接口"，重复揉时，要使接口向下。

**◀ 拓展空间 ▶**

### 小技巧——揉面的要领

一般韧性大、质地坚实的面团，如冷水面团、温水面团、部分发酵面团等，可采用揉制法。揉面要揉得面团有劲。"劲"，是指面团结合紧密，柔韧性大。要反复揉制面团，尤其是水调面团，揉的次数越多，韧性就越强，色泽就越白，做出的成品质量就越好。

**◀ 温馨提示 ▶**

1.揉面时，无论用哪种手法，都是手掌用力，这样既省力，效果又好。

2.揉面的姿势：揉面时，上身要稍往前倾，双臂自然伸展，两脚成丁字步，身体离案板要有一拳的距离。揉小块面团时，两手可替换用力；揉较大块面团时，双手应一齐用力。

3.揉面时应适度用力，以免手掌或手臂受伤。

# 09
## 技术 擦制法揉面

用手的掌根部位接触面粉团块，自后向前推擦。推擦时要用力，便面粉颗粒与油脂充分接触，然后再合拢。当面团全部推擦完毕后再重新合拢，反复多次（见下图）。

◆ 拓展空间 ▶

### 小知识——面粉

面粉是由小麦经加工磨制而成的粉状物质，它的化学成分主要是蛋白质、淀粉、脂肪、矿物质和水分等。它在制作中西面点时用量较大，用途也较广泛。

◆ 温馨提示 ▶

1. 擦制法常用于调制油酥面团和米粉面团。

2. 冬季，油脂易凝结，擦制时，可用手掌的热度将油脂熔化，加快擦制速度。

3.用擦制法揉面时，要求用力适度，以免伤及手关节。

# 10
## 技术 撊制法揉面

　　双手握拳，交叉撊压，边撊边推，使面团展开，然后再合拢。用撊制法揉面有双拳撊（见图）和双手掌根撊两种。

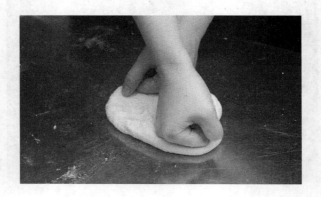

**拓展空间**

小知识——面粉的储存

　　储存面粉时若不注意环境，不但会生虫，更会影响面粉的品质。储存面粉时，应离墙离地，将其储存在干净、有良好通风设备的地方，将温度控制在18~24℃，相对湿度控制在55%~65%。

**温馨提示**

　　1.撊制法，多用于调制膨松面团。

　　2.撊制时，可在双拳上蘸少许冷水以减少手与面团之间的粘连感。

　　3.撊制时，用力要均匀，以免破坏面团的面筋网络。

# 模块 4
## 搓条下剂

◆ 知识要点 ▶

1. 搓条下剂：搓条下剂，是指将面团搓成粗细均匀的条子，按照制品的规格要求，下成大小一致的剂子。

2. 下剂的方法：搓条下剂的方法，主要有揪剂法、挖剂法、切剂法等。

3. 主要工具：搓条下剂时，常用到案台、刮刀、菜刀等设备工具。

## 11
### 技术 搓条

◆ 技能训练 ▶

先用刀将较大的面团切成条状，有时也可直接将面团拉成长条状，然后，双手均匀用力推搓，先内后外，边推边搓，逐次向两侧延伸（见图1、图2）。

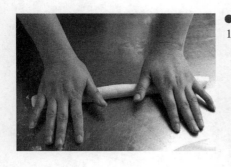
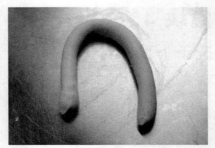

小知识——面粉的种类

在面点制作中，通常按蛋白质含量的多少来对面粉进行分类。

1.高筋面粉：又称强筋面粉或面包粉，其蛋白质和面筋含量高。蛋白质含量为12%~15%，湿面筋值在35%以上。最好的高筋面粉，是加拿大产的春小麦面粉。高筋面粉，适于制作面包、起酥点心、泡芙点心与特殊油脂调制的松酥饼等。

2.低筋面粉：又称弱筋面粉或糕点粉，其蛋白质和面筋含量低。蛋白质含量为7%~9%，湿面筋值在25%以下。英国、法国和德国的弱筋粉，均属于这类面粉。低筋粉，适于制作蛋糕、甜酥点心、饼干等。

3.中筋面粉：是介于高筋面粉与低筋面粉之间的一类面粉。蛋白质含量为9%~11%，湿面筋值为25%~35%。美国、澳大利亚产的冬小麦面粉和我国的标准粉等普通面粉，都属于这类面粉。中筋面粉，用于制作水果蛋糕、肉馅饼等，也可用于制作面包。

4.专用面粉或特制面粉：是指经过专门调配而适合生产某类面点的面粉。

温馨提示

1.搓条时，双手用力应均匀，做到轻重有度。应根据剂子的大小来确定条子的粗细。

2. 搓出的条子应粗细均匀、光滑圆整、无裂纹，符合下剂的要求。

3. 双手搓条时，左右手用力应均匀，推搓的速度应一致。

# 12
**技术 下剂**

◀ **技能训练** ▶

1. 揪剂：左手握条，手心朝向身体一侧，四指弯曲，从虎口处露出相当于坯子大小的条头，用右手拇指和食指捏住面剂顺势向下用力揪下，然后转动一下左手中的剂条，依次揪剂（见图1）。

2. 挖剂：右手四指弯曲，从剂头开始，向中间由外向内凭借五指的力量挖截小块面剂（见图2）。

3. 切剂：左手按住剂条，右手持刮刀，用刀对卷筒状的剂条进行切分。每切分一次，左手就来回转动剂条一次（见图3）。

◀ **拓展空间** ▶

**小技巧——下剂方法的运用**

日常生活中，所制作的大包、中包、馒头、烧饼等的面剂较大，都是用挖剂法下剂；切剂法速度快，截面平整，适于制作油酥、花卷、刀切馒头等品种；揪剂法，适用于制作水调面团中的水饺、蒸饺等品种。

1. 用手下剂时，双手应协调，力度配合得当，使剂子表面光滑圆整。

2. 剂子应大小一致，无毛刺，利于制皮。

3. 剂子重量应符合制品要求。

4. 剂子大小是否一致，是关系到成品形态是否美观、大小是否一致的关键。此操作应反复练习，直至可以准确判断出剂子的重量。

# 模块 5
## 制皮

◆ **知识要点** ▶

1. 制皮：是指将坯剂制成面皮的过程。

2. 制皮方法：有按皮、擀皮、压皮、拍皮、摊皮等多种。

3. 主要工具：制皮的主要工具，有案台、刮刀、擀面杖、拍皮刀等。

# 13
技术 **按皮**

◆ **技能训练** ▶

给面剂撒上干面粉，以掌根将其按成中间稍厚的圆形皮即可。

### 小知识——面点加工机械设备

机械设备，是生产制作面点的重要设备，它不仅能降低生产者的劳动强度，稳定产品质量，而且还有利于提高劳动生产率，便于大规模生产。

1.和面机：又称拌粉机，主要用于拌和各种粉料。它主要由电动机、传动装置、面箱搅拌器、控制开关等部件组成。它利用机械运动将粉料、水或其他配料制成面坯，常用于调制量大的面坯。工作效率比手工操作高5~10倍，是面点制作中最常用的机具。

2.压面机：又称滚压机，是由机身架、电动机、传送带、滚轮、轴具调节器等部件构成。它的功能是将和好的面团通过滚轮之间的间隙，压成所需厚度的皮料（各种面团卷、面皮）以便进行进一步加工。

3.分割机：构造比较复杂，有各种类型，主要用途是对初步发酵的面团进行均匀分割，并制成一定的形状。它的特点是分割速度快、分量准确、成型规范。

4.揉圆机：是面包成型的设备之一，主要用于面包的搓圆。

5.打蛋机：又称搅拌机，它由电动机、传动装置、搅拌器、搅拌桶等组成。它主要利用搅拌器的机械运动搅打蛋液、少司、奶油等，一般具有分段变速或无级变速功能。多功能的打蛋机还兼有和面、搅打、拌馅等功能，用途较为广泛。

6.饺子成型机：目前，国内生产的饺子成型机为灌肠式饺子机。使用时，先将和好的面、馅分别放入面斗和馅斗中，在各自推进器的推动下，将馅充满面管形成"灌肠"，然后通过滚压、切断，成单个饺子。

7.绞肉机：用于绞肉馅、豆沙馅等。其原理是利用中轴推进器将原料推至十字花刀处，通过十字花刀的高速旋转，使原料成肉糜状，以便进一步加工之用。

8.磨浆机：主要用于磨制米浆、豆浆等。其原理是，通过磨盘的高速旋转，使原料呈浆状，以便进一步加工之用。

此外，制作面点的机械设备还有挤制成型机、面条机、月饼成型机等。

◆ 温馨提示 ▶

1. 凡是需要包馅成型的品种，都必须有制皮这一工序。由于面团的性质不同、制品要求不同，制皮的方法也有所不同。

2. 按皮法适用于制作糖包、鲜肉包等品种的面皮。

# 14
技术 **擀皮**

◆ 技能训练 ▶

1. 水饺皮的擀法：先将面剂按扁，左手拇指、中指、食指捏住圆剂的边沿，右手持杖按于面剂的1/3处，推擀，右手推一下，左手将面剂向逆时针方向转动一下，这样一推一转反复5~6次，即可擀出一张中间稍厚、四周稍薄的圆形皮子（见图1）。

2. 馄饨皮的擀法：将调制好的大块面团放在案板上用手按扁，再将通心槌压在面团上方，双手握住通心槌两头用力来回推动，用压力使面皮逐渐变大变圆。在擀制时，一次用力不宜过大，要一边擀一边转动坯皮。当擀到一定厚度时，要适当拍粉抹匀，再翻身，翻过身以后继续拍粉擀制，直至擀成大薄片为止。然后叠层，再用刀切成实用的各种形状的馄饨皮（见图2）。

3. 烧卖皮的擀法：先把面剂按扁，然后用橄榄杖（中间粗、两头细，形似橄榄核）擀制。擀制时，左右手压住橄榄杖的两头，擀面杖的着力点要放在面剂的边缘。用力推动，边擀边转，使其按逆时针方向移动，这样就会使坯皮的边上出现皱褶，即所谓荷叶边（见图3）。

## ◀ 拓展空间 ▶

小知识——面点加热成熟设备

**第一，蒸煮灶**

蒸煮灶，用于蒸、煮面食。目前，蒸煮灶有两种类型——蒸汽型蒸煮灶、燃烧型蒸煮灶。

1. 蒸汽型蒸煮灶：是目前厨房中广泛使用的一种加热设备，一般分为蒸箱和蒸汽压力锅两种。

蒸箱，是利用蒸汽传导热能，将食品直接蒸熟。与传统煤火蒸笼加热方法比较，它具有操作方便、使用安全、劳动强度低、清洁卫生、热效率高等优点。

2. 燃烧型蒸煮灶：传统明火蒸煮灶，它是利用煤、柴油、煤气等能源的燃烧而产生热量，将锅内水烧开，利用水的对流传热作用或蒸汽的作用使生坯成熟的一种设备。现在大部分饭店、宾馆多用煤气灶，主要是利用火力的大小来调节水温或蒸汽的强弱使生坯成熟。它的特点是适合对少量制品进行加热。在使用时，一定要注意安全操作，以防烫伤。

**第二，远红外烘烤炉**

远红外烘烤炉，也称远红外烤箱，它是目前大部分饭店、宾馆面点厨房必备的电加热成熟设备，适用于烘烤各类中西面点，具有加热快、效率高、节约能源的优点。

常用的远红外电烤箱，有单门式、双门式、多层式等型号，一般都装有自动温控仪、定时器、蜂鸣报警器等。先进的电烤箱还可对上、下火分别进行调节，具有喷蒸汽等特殊功能。它的使用简便卫生，可同时放置2~10（或更多）个烤盘。

### 第三，远红外多功能型电蒸锅

远红外多功能型电蒸锅是以电源为能源，利用远红外电热管将电能转化为热能，通过传热介质（或水、或油、或金属）的作用，达到使生坯成熟的目的。因其具有操作简单、升温快、加热迅速、卫生清洁、无污染的特点，同时具有蒸、煮、炸、煎、烙等多种成熟用途等优点，目前被广泛使用。

### 第四，微波炉

微波炉是新型加热设备。微波加热是通过微波元件发出微波能量，用波导管输送到微波加热器，使被加热的物体受微波辐射后引起分子共振产生热量，从而达到加热烘烤的目的。微波加热具有加热时间短、穿透能力强、瞬时升温、食物营养损失小、成品率高等显著优点，但因其无"明火"现象，从而也导致制品成熟时缺乏糖类的焦糖化作用，色泽较差。

◆ 温馨提示 ▶

1.不同的制皮方法所需的工具不同，学员应掌握制皮工具的使用技巧。

2. 水饺皮的擀法有单手杖擀和双手杖擀之分。单手杖擀法的优点是皮圆，中厚边薄，质量好，但速度较慢。双手杖擀法的优点是速度快，但质量稍差。现在常用单手杖擀法。

3. 用于擀皮的面团应调制得硬一些。

4. 用任何工具擀皮时，用力都要均匀，否则会擀破边皮。

# 15
### 技术 压皮

　　将面团调制好后先搓条再用刀切剂，然后用手将面剂按扁，放在平整的案板上，用刀面按住面剂，右手持刀，左手按住刀面向前面旋压，将面剂压成一边稍厚、一边稍薄的圆形坯皮。

• 拓展空间 •

### 小知识——面点恒温设备

　　恒温设备，是制作面点不可缺少的设备，主要用于原料和食品的发酵、冷藏和冷冻，常用的有发酵箱、电冰柜（箱）、制冷机等。

　　第一，发酵箱：发酵箱型号很多，大小也不尽相同。发酵箱的箱体大都是不锈钢制成的，由密封的外框、活动门、不锈钢托架、电源控制开关、水槽以及温度、湿度调节器等部分组成。发酵箱的工作原理，是靠电热管将水槽内的水加热蒸发，使面团在一定温度和湿度下充分地发酵、膨胀。如发酵面包面团时，一般是先将发酵箱调节到设定的温度后方可进行发酵。

　　第二，电冰柜（箱）：电冰柜（箱），是现代西点制作的主要设备。按构造分，电冰柜（箱）有直冷式（冷气自然对流）和风冷式（冷气强制循环）两种；按用途分，有保鲜和低温冷冻两种。无论何种电冰柜（箱），均具有隔热、保温的外壳和制冷系统。冷藏的温度范围为 –40~10℃，具有自动恒温控制、自动除霜等功能，使用方便，可用来对面点原料、半成品或成品进行冷藏保鲜或冷冻加工。

第三，制冷机：制冷机主要用来制作冰块、碎冰和冰花。它由蒸发器的冰模、喷水头、循环水泵、脱模电热丝、冰块滑道、储水冰槽等组成。整个制冰过程是自动进行的，先由制冰系统制冷，水泵将水喷在冰模上，逐渐冻成冰块，然后停止制冷，用电热丝使冰块脱模，沿滑道进入储冰槽，再由人工取出冷藏。

**◀ 温馨提示 ▶**

1. 压皮法，适用于制作澄粉面团制品。
2. 用刀压皮时，注意刀口朝向，以免意外受伤。
3. 用刀压皮时，应选择薄的刀具，便于灵巧操作。

# 16
## 技术 拍皮

**◀ 技能训练 ▶**

拍皮前，一般先按压面剂，按到一定圆度后，再用右手沿皮子边用掌根逆时针拍皮，边拍边转即可。

小知识——面点工作案台

工作案台，是指制作点心、面包的工作台，又称案台、案板。它是制作面点的必备设备。制作案台的原材料不同，目前常见的有不锈钢案台、木质案台、大理石案台和塑料案台四种。

第一，不锈钢案台：不锈钢案台，一般整体都是用不锈钢材料制成，表面不锈钢板材的厚度一般为 0.8~1.2 毫米，要求平整、光滑、没有凹凸现象。由于不锈钢案台美观大方，卫生清洁，台面平滑光亮，传热性质好，是目前各级饭店、宾馆采用较多的工作案台。

第二，木质案台：木质案台的台面大多用 6~10 厘米以上厚的木板制成，底架一般有铁制的、木制的几种。台面的材料以枣木为最好，柳木次之。案台应结实、牢固、平稳，表面平整、光滑、无缝。

第三，大理石案台：大理石案台的台面一般是用 4 厘米左右厚的大理石材料制成的。由于大理石台面较重，因此要求其底架特别结实、稳固、承重能力强。它比木质案台平整、光滑，散热性能好，抗腐蚀能力强。

第四，塑料案台：塑料案台，质地柔软，抗腐蚀性强，不易损坏，加工制作各种制品都较适宜，其质量优于木质案台。

◀ 温馨提示 ▶

1. 拍皮法适用于包制大包子等品种。

2. 制皮时，双手应配合灵活，力度适当。

# 17
技术 **摊皮**

摊皮用的面团应稀软，一般以每 500 克面粉掺水 400~500 克为宜，并且要略加盐，反复打搅使面团上劲。

待平底锅烧热后，用右手抓起面团，迅速朝平锅上顺势摊转一圈，即成圆形皮。摊皮法适用于制作春卷皮和煎饼皮。

◀ **拓展空间** ▶

### 小知识——面点制皮工具

第一，面杖：面杖是制作皮坯时不可缺少的工具。各种面杖粗细、长短不等，擀制面条、馄饨皮所用的面杖较长，擀制油酥皮或烧饼的面杖较短，可根据需要选用。

第二，通心槌：通心槌又称走槌，形似滚筒，中间空，插入轴心，使用时来回滚动。由于通心槌自身重量较大，擀皮时可以省力，是擀大块面团的必备工具，如用于大块油酥面团的起酥、卷形面点的制皮等。

第三，单手棍：单手棍又称小面杖，一般长 25~40 厘米，有两头粗细一致的，也有中间稍粗的。它是擀饺子皮的专用工具，也常用于面点成型，如酥皮面点成型等。

第四，双手杖：双手杖又称手面棍，一般长 25~30 厘米，两头稍细，中间稍粗，使用时，双手同时配合进行，常用于擀制烧卖皮、饺子皮。

此外，还有橄榄杖、花棍等制皮工具。

◀ 温馨提示 ▶

1. 摊皮时，动作要快，圆形皮的薄厚要均匀，大小要一致。

2. 摊皮时，要控制好火力，要用中小火。

3. 摊皮时要注意安全，避免手接触到热的锅底。

# 模块 6
## 面点成型

**知识要点**

1.面点成型技术：面点成型技术，是指利用调制好的面团，根据面点制品的外观要求，运用各种方法制成多种形状的面点半成品或成品的一项技术。

2.面点成型方法：

（1）卷：是指将馅心卷入坯皮内使制品成型的一种方法。

（2）包：是指将馅心包入坯皮内使制品成型的一种方法。一般可分为无缝包法、卷边包法、捏边包法和提褶包法。

（3）捏：是以包为基础并配以其他动作来完成制品的一种综合性成型方法。

（4）切：是借助于工具将制品（半成品或成品）分离成型的一种方法。

（5）按：是指将制品生坯用手按扁压圆的一种成型方法。

（6）叠：是指将坯皮折成制品要求的形状的一种成型方法。

（7）剪：是指用剪刀将制品成型的一种方法。

（8）模具成型：是指利用各种食品模具，将面点压印制作成型的一种方法。

（9）滚沾：是指给生坯表面沾上装饰原料的一种成型方法。

（10）镶嵌：是指将装饰原料镶入生坯表面的一种成型方法。

3. 主要工具：面点成型的主要工具有案台、刮刀、擀面杖、菜刀、模具等。

# 18

技术 **卷**

◆ **技能训练** ◆

1. 将面团擀成一定厚度的大薄片，然后在表面刷油，或撒盐或铺馅，最后再按制品的不同要求卷起（见图1）。

2. 卷好后的筒较粗，一般应根据成品要求，将筒条搓细，然后再用刀切成面剂，就制成了制品的生坯（见图2）。

◆ **拓展空间** ◆

小技巧——"卷"成型的运用

卷有"双卷"和"单卷"之分。"双卷"的操作方法是将已擀好的面皮从两头向中间卷，这样的卷剂为"双螺旋式"。此法适用于制作鸳鸯卷、蝴蝶卷、四喜卷、如意卷等品种。"单卷"的操作方法是将已擀好的面皮从一头一直向另一头卷起成圆筒状。此法适用于制作蛋卷、普通花卷等。

1. 擀制面皮时，干面粉不能撒得过多。

2. 给面皮表面刷油或铺馅时，要薄而匀，保证分层清晰。

3. 制作卷类面食时，要卷紧、卷实。

4. 指导学生掌握好擀皮的力度，保持皮子形状圆整、厚薄均匀。

# 19
## 技术 包

◀ **技能训练** ▶

1. 无缝包法：先用左手托住一张制好的坯皮，然后将馅心放在坯皮的中央，再用右手虎口将四周的面皮收拢至无缝（见图1）。

2. 卷边包法：在两张制好的坯皮中间夹馅，然后将边捏严实，不能漏馅。有些品种还需捏上花边（见图2）。

3. 捏边包法：先用左手托住一张制好的坯皮，将馅心放在坯皮上面，然后再用右手的大拇指和食指同时捏住面皮的边沿，自右向左捏边成褶即成（见图3、图4）。

4. 提褶包法：先用左手托住一张制好的坯皮，然后将馅心放在坯皮上面，再用右手的大拇指和食指同时捏住面皮的边沿，自右向左，一边提褶一边收拢，最后收口、封嘴（见图5、图6）。

●1

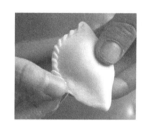
●2

●3

◀ 拓展空间 ▶

小技巧——"包"成型的运用

无缝包法，比较简单，常用于糖包、生煎包等品种的制作；卷边包法，常用于酥合、酥饺类等品种的制作；捏边包法，常用于蒸饺等品种的制作；提褶包法，技术难度较大，主要用于小笼包、大包及中包等品种的制作，如苏式面点中的甩手包子实际上就是指提褶包子。

◀ 温馨提示 ▶

1. 无缝包法的关键是，收口时左右手要配合好，要用力收平、收紧，然后将剂顶揪除（最好不要留剂顶）。

2. 提褶包法，由于包子皮软、馅心稀，所以在包制时要求双手配合甩动，使馅和皮因重力的作用产生凹陷，便于包制。

3. 反复练习每种包制方法，尤其是提褶包法的褶纹要均匀清晰，一般不少于 18 褶，最好是 24 褶。

**20**

技术 **捏、切**

◀ 技能训练 ▶

1. 挤捏：是指将上馅后的坯皮边缘全部向中间聚拢，用双手用力捏实。木鱼饺就是用双手挤捏而成的（见图 1、图 2）。

2. 推捏：是指用右手的大拇指和食指边推坯皮边捏紧。月牙饺就是推捏而成的（见图3）。

3. 叠捏：是指先将圆皮叠成三边形，翻身后加馅再捏紧顶端。冠顶饺就是叠捏而成的（见图4）。

4. 扭捏：是指先包馅后上挑，再按顺时针方向把坯皮的每边扭捏到另一相邻的边上并捏紧。青菜饺就是扭捏而成的（图5）。

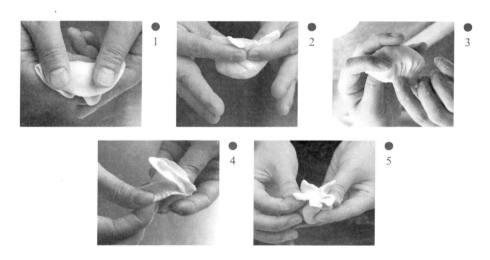

**◆ 拓展空间 ◆**

### 小技巧——"捏、切"成型的运用

捏出来的点心造型别致、优雅，具有较高的艺术性，所以这类点心一般用于中、高档宴席。如中式面点中常见的木鱼饺、月牙饺、冠顶饺、四喜饺、蝴蝶饺、苏式船点；西式面点中常见的以杏仁膏为原料而制成的各种水果、小动物等，均是采用捏的手法来成型的。

手工切，可适于小批量生产，如小刀面、伊府面、过桥面等；机械切，适于大批量生产，特点是劳动强度小、速度快，但是，制品的韧性和咬劲远不如手工切制的。机械切法多用于制作北方的面条（刀切面）和南方的糕点等品种。

1. 捏法讲究的是造型，追求的是捏得像不像，比如中西点心中的各种动物、花卉、鸟类等形态要逼真。

2. 切制面食时，要保证成品粗细均匀，不能连刀。

3. 掌握各种捏制面点的手法，直至学生能够灵活运用，手指间的配合准确无误。

4. 练习切制动作时，应注意用刀安全。

# 21

## 技术 按、叠、剪

◀ 技能训练 ▶

1. 按：在实际操作中，按制法又分为两种：一种是用掌根按（见图1），另一种是用食指、中指和无名指三指并拢按。

2. 叠：是将坯皮重叠成一定的形状（如三角形等），然后再经其他手法制成制品生坯的一种面点的间接成型方法（见图2）。

3. 剪：是用剪刀在面点制品上剪出各种花纹（见图3）。

◀ 拓展空间 ▶

小技巧——"按、叠、剪"成型的运用

按法，多用于制作形体较小的包馅品种如馅饼、烧饼等，包好馅后，用手一按即成。

叠法，多用于制作酒席上常见的兰花酥、莲花酥、荷叶夹、猪蹄卷等包馅品种。

苏式船点中的很多品种，必须在原型的基础上再通过剪的方法来完成。酒席点心中寿桃包的两片叶片，就可在生坯成熟后用剪刀在基部剪制而成。

◀ 温馨提示 ▶

1. 按的方法比较简单，比擀的效率高，但要求制品外形平整而圆、大小合适，馅心分布均匀、不破皮、不漏馅，手法轻巧。

2. 叠的时候，为了增加成品的风味，往往要撒少许葱花、细盐或火腿末等；为了分层，往往还要刷上少许色拉油。

3. 剪制面点时，应符合制品的成熟要求，剪制刀口过深，易使制品在成熟时断裂。

# 22
# 技术 模具成型、滚沾、镶嵌

◀ 技能训练 ▶

1. 模具成型：模具成型，是指将半成品压入各种不同形状的模具内（如花卉、鸟类、蝶类、鱼类、鸡心、桃叶、梅花、佛手等模具），形成不同形状的生坯（见图1）。

2. 滚沾：是指先以小块的生坯沾水，放入盛有粉料或芝麻的簸箕中均匀摇晃，让沾水的生坯来回滚沾，然后再沾水再滚沾，反复多次即成（见图2）。

3. 镶嵌：是将辅助原料直接嵌入生坯或半成品上。用此法成型的品种，不再是原来的单调形态和色彩，而是更为鲜艳、美观，尤其是有些品种镶嵌上红、绿丝等后，不仅色泽艳丽，而且也能调和品种本色的单一性（见图3）。

◆ 拓展空间 ▶

小技巧——"模具、滚沾、镶嵌"成型的运用

用模具制作面点的特点是，制作出来的成品形态逼真、栩栩如生、使用方便、规格一致。滚沾法，适用于制作元宵、藕粉圆子、炸麻团、冰花鸡蛋球、珍珠白花球等品种；镶嵌法，常用于制作八宝饭、米糕、枣饼、百果年糕、松子茶糕、果子面包、三色拉糕等品种。

◆ 温馨提示 ▶

1. 在使用模具时，必须事先给模子抹上熟油，以防与面点生坯粘连。

2. 使用镶嵌成型手法时，可随意摆放镶嵌物，但更多的是拼摆成有图案的几何造型。

3. 镶嵌成型方法在生产实际中运用较多，应反复练习。

# 第三篇

## 中式面点制馅技术

制馅，就是利用各种不同性质的原料，经过精细加工，调制或熟制成形式多样、口味各异的成品或半成品。制馅是制作面点的一个重要工艺流程，要制出口味佳、利于面点成型的馅心，不仅要有熟练的刀工和烹调技巧，更要熟悉各种原料的性质和用途，善于结合坯皮的成型及熟制的不同特点，采用不同的技术，这样才能取得较好的效果。

# 模块 7
## 生咸馅

1. 生咸馅：是用生料加调料拌和而成的。

2. 种类：生咸馅的常见种类有菜馅、肉馅、菜肉馅等。

3. 选料要求：

（1）生咸馅用料，有动物性原料和时令蔬菜原料。

（2）选料时，应注意选择原料的最佳部位，如猪肉最好选用猪前腿肉，也叫"前胛肉"或"蝴蝶肉"，此部位的肉丝网络短、肥瘦相间、肉质嫩、易吸水，搅制成的馅心鲜嫩、无腥味。

（3）如果肉类原料较老，则应适当加点小苏打或嫩肉粉使其变嫩。

4. 形态要求：

（1）馅料的形态大小有粗、细、茸等不同规格，具体调制时，应根据生咸馅及制品的特点来确定形态。如天津包子的馅，猪肉要剁得粗些，因为粗馅搅的馅心成熟后较松散，而一般的饺子馅则要剁得稍细点。

（2）各种鱼茸馅、虾饺馅需剁成茸泥状，因为细小的形态可增加原料的表面积，扩大馅料颗粒之间的接触面，增强蛋白质的水化作用，提高馅心吸收水的能力，进而使馅心黏性强、鲜嫩、多汁。

（3）蔬菜馅大多需要焯水，以去除过多的水分、异味，易成型，利于成熟。部分蔬菜焯水后需要用冷水迅速冲凉，以保持色泽鲜嫩。

5. 调味要求：

（1）味重的馅料，如牛羊肉等一定要清除异味；味薄的馅料，要加入各种鲜味料，如鸡汤、味精、鸡精粉及各种调料，使其味道更鲜美。

（2）调料的调配比例应适当，加入调料的顺序、入味的时间应得当，以使馅心鲜美可口、咸鲜适度。

（3）由于各地的口味和习惯不同，在进行调味选料和确定馅料的用量时，应充分考虑各地的差异，如北方偏咸，江浙喜甜，北方喜用葱、姜、香油提味，南方喜用胡椒、猪油、糖来提鲜。

6. 主要工具：调制生咸馅的主要工具有小秤、量杯、菜刀、砧板、容器等。

# 23
制馅 鲜肉馅

◆ 制作原料 ◆

**主料** | 猪前胛肉 1000 克

配料｜精盐25克、生抽50克、白糖40克、味精20克、熟油100克、香油20克、葱白50克、姜末25克、胡椒粉3克、水淀粉75克、清水约400克

### ◀ 技能训练 ▶

1. 将猪肉洗净剁成茸，加精盐拌至起胶。

2. 边加清水边搅拌，直至其充分吸水而不澥。

3. 将香葱白、姜末、白糖、味精、生抽、胡椒粉、水淀粉调入拌匀。

4. 最后加入用葱姜炼熟的植物油、香油调和拌匀，冷藏10分钟以上即可使用。

### ◀ 拓展空间 ▶

#### 小技巧——如何鉴别猪肉品质

鲜猪肉品质好坏与否，可以通过察看肉质的外表皮和肉质色泽来鉴别。猪肉外皮洁净、无血肿块者为优质；猪肉呈均匀的玫瑰红色，脂肪洁白有光泽者为优质。

### ◀ 温馨提示 ▶

1. 选料时，应掌握好肉质的肥瘦比例。夏季，可用八分瘦、二分肥的肉质；冬季，可用七分瘦、三分肥的肉质。

2. 调制馅心时，应先放盐搅拌腌制，利用盐的渗透性，使肉的水分外溢，然后再调入其他调料使之入味。

3. 调制好馅心后，需冷藏以保证馅料稠浓，易于包捏。

4. 肉质的吃水量关系到馅心的口感，应根据肉质肥瘦的比例控制好水量，肥肉吃水少，瘦肉吃水多，水少黏性小，水多则会澥。

# 24
制馅 **菜肉馅**

◀ **准备原料** ▶

主料 | 猪前胛肉 500 克、韭菜 1500 克

配料 | 精盐 20 克、味精 15 克、白糖 50 克、酱油 15 克、植物油 125 克、

香油 25 克、胡椒粉 1 克、水淀粉 25 克、葱姜少量

◀ **技能训练** ▶

1. 将韭菜择洗干净，切碎，调入精盐，拌匀并挤干水分。

2. 将猪肉剁成茸，加精盐搅拌上劲成胶状体。

3. 调入白糖、味精、酱油、胡椒粉、水淀粉拌匀。

4. 用葱姜炼熟植物油。

5. 将韭菜和猪肉、熟油拌和在一起，再加入香油拌匀即可。

◀ **拓展空间** ▶

用制作菜肉馅的方法，选用各地时令新鲜蔬菜可做出不同地方特色的菜肉馅。如在广西可做马蹄猪肉馅、冬笋牛肉馅，在陕西可做茴香肉馅等。

1. 调制馅心前，必须挤干蔬菜中多余的水分，使菜肉馅水分适量。

2. 可根据当地习惯，合理掌握馅心中蔬菜和肉的比例。

3. 可在不同季节去菜市场了解时令蔬菜的质地、形状、价格等情况。

# 25
## 制馅 虾肉馅

◀ 准备原料 ▶

**主料** | 虾仁 500 克、肥膘肉 100 克、笋丝 100 克

**配料** | 精盐 10 克、白糖 15 克、鸡蛋清 15 克、味精 5 克

◀ 技能训练 ▶

1. 将虾仁洗净，挑去虾肠，用洁净干白布吸干水分，用刀稍剁成粒。

2. 将肥膘肉焯水切成细粒，将笋丝焯水拧干水分，待用。

3. 给虾仁加精盐，在碗中搅拌成胶状体后，加入味精、白糖调味。

4. 再加入肥膘粒、笋丝、鸡蛋清拌匀，入冰箱冷藏 8~10 分钟即可。

小技巧——另类海鲜馅

为了增加馅心的鲜味，广式创新派点心师用制作虾肉馅的方法，通过改变海鲜的品种，制作出了鱼肉馅、蟹肉馅、带子芦笋虾肉馅等馅心，这些馅心色泽红绿，非常美观，口感鲜嫩。

◀ 温馨提示 ▶

1. 清洗虾仁时，必须把虾肠里的细沙清洗干净。

2. 馅心里的虾仁、肥膘肉颗粒大小要均匀，过粗大，不利于包捏；过细小，会影响成品口感。

3. 给虾肉馅调味时，应按规定的次序投放调料。

4. 馅料中不宜放酱油、料酒、葱、姜等，以免影响馅心的口味及颜色。

5. 学会用刀背剁制虾肉成胶状体。

# 模块 8
## 熟咸馅

**◆ 知识要点 ◆**

1. 熟咸馅：熟咸馅，是用熟原料加调料拌和而成的。

2. 种类：熟咸馅的常见种类有叉烧馅、三丁馅。

3. 形态要求：熟咸馅的馅料形状和大小要合适，常见的形状有指甲片状或细粒状，便于调味和成熟，利于包捏和造型。

4. 烹调要求：熟咸馅要经过烹制使其符合制作要求。

（1）应根据熟咸馅的特点，把握好烹调火候和烹调时间。如动物性原料较难成熟，适于用中小火；植物性原料易成熟，适于用大火使之快速成熟。

（2）调制熟咸馅必须用芡，防止过于松散，以使熟咸馅料入味，增强黏性，利于包捏成型。

5. 芡粉的使用：指甲片状的馅料，适合用拌芡法；细粒状的馅料，适合用勾芡法。

6. 主要工具：制作熟咸馅的主要工具有小秤、量杯、菜刀、砧板、容器等。

# 26
**制馅** 三丁馅

◢ **准备原料** ◣

　**主料** ┃ 熟鸡肉 200 克、熟猪前夹心肉 300 克、冬笋 300 克

　**配料** ┃ 精盐 15 克、白糖 50 克、味精 15 克、酱油 20 克、料酒 30 克、

　　　　水淀粉 50 克、鲜汤 300 克、葱姜末适量

◢ **技能训练** ◣

　1. 将煮熟的鸡肉与猪前夹心肉切成细小的丁。

　2. 冬笋去壳衣焯水后切成与鸡肉一样大小的丁。

　3. 在炒锅内加油，用葱姜末炝锅，将三种丁倒入，加入精盐、白糖、

味精、酱油、料酒，煸炒调味，加鲜汤稍煮进味，勾芡后出锅。

◢ **拓展空间** ◣

小知识——三丁包

　三丁包是扬州的名点，以面粉发酵和馅心精细取胜。清人袁枚在《随

园食单》中云："扬州发酵面最佳，手捺之不盈半寸，放松仍隆然而高。"

发酵所用面粉"洁白如雪"，所发酵面软而带韧，食不粘牙。

扬州三丁包子的馅心，以鸡丁、肉丁、笋丁制成，故名"三丁"。鸡丁选用隔年母鸡，既肥且嫩；肉丁选用五花肋条，膘头适中；鸡丁、肉丁、笋丁按1:2:1的比例搭配。鸡丁大、肉丁中、笋丁小，颗粒分明。三丁又称三鲜，三鲜一体，津津有味，清晨果腹，至午不饥。

◀ 温馨提示 ▶

1. 必须将三丁馅料切成小丁，才可突出鲜嫩的口感，否则很难入味，达不到干香的要求。

2. 要用葱、姜炝锅后煸炒馅料，以增加馅心的香味。

3. 给馅料勾芡时，芡汁的厚薄要适当：过厚，则馅粒不清爽；过薄，则色泽不鲜亮。

4. 多练习调节勾芡的火候，先用大火快速翻炒芡汁，待芡汁变透明时改小火调味出锅。

# 27
制馅 叉烧馅

**主料** | 瘦猪肉 500 克

**配料** | 精盐 5 克、味精 15 克、白糖 50 克、生抽 30 克、鸡蛋液 10 克、
酒 10 克、葱 100 克、姜 50 克、红曲米水适量、香油 20 克、
胡椒粉 3 克、水淀粉 75 克

◀ 技能训练 ▶

1. 将净猪肉切成长约 10 厘米、宽 3 厘米、厚 2 厘米的长条。

2. 用精盐、生抽、白糖、酒、姜、葱、少许红曲米水腌制猪肉条 2~3
小时。

3. 将腌好的肉用钩子挂起，吊在烤炉内烤至金黄焦香成熟。

4. 肉熟透后，刷上香油即制成叉烧。

5. 将叉烧切成黄豆大小的粒儿备用。

6. 在锅内加入适量精盐、味精、白糖、生抽、香油、胡椒粉、酒、葱
末、水淀粉和鸡蛋液拌匀制成面捞芡，再放入叉烧粒拌匀，即成叉烧馅。

◀ 拓展空间 ▶

小知识——练习制作常用的动物油脂

动物油脂，是指从动物的脂肪组织或乳中提取的油脂，它具有熔点
高、可塑性强、流散性差、风味独特等特点。动物油脂的主要品种有黄
油、猪油等。

1. 黄油：称"奶油""白脱油"，它是从牛乳中分离加工出来的一种比
较纯净的脂肪。在常温下，其外观呈浅黄色固体，经高温软化后会变形，
熔点在 28~33℃之间，凝固点为 15~25℃，具有奶脂香味。黄油含有丰富
的蛋白质和卵磷脂，具有亲水性强、乳化性能好、营养价值高的特点。它
能增强面团的可塑性和成品的松酥性，使成品内部松软滋润。

2.猪油：又称"大油""白油"，它是用猪的皮下脂肪或内脏脂肪等组织加工炼制而成。猪油在常温下呈软膏状，为乳白色或稍带黄色，低温时为固体，高于常温时为液体，有浓郁的猪脂香气。猪油是制作中式面点的重要辅助原料之一。猪油的起酥效果好，用猪油制作的油酥面团层次分明，成品酥松适口，吃口香酥。用猪油调馅，不但馅心明亮滋润，而且香气浓郁、醇厚。

可直接用火熬炼提取猪油。由于猪油含有血红素，易氧化酸败，所以应低温存放。近几年，已有经深加工的猪脂供应，其具有色泽乳白、可塑性好、使用方便等优点，但猪脂香味较差。

◀ 温馨提示 ▶

1.应将叉烧馅料切成小丁状或指甲片状，切得太碎小，会影响口感；切得过大，则不易入味。

2.制作面捞芡时，宜用中火，用火大，馅料易焦煳。

3.给猪肉切条时，必须顺着肉的纹路直切，以免吊烤时猪肉断裂。

4.掌握吊烧炉的安全使用方法。

# 模块 9
## 生甜馅

◆ 知识要点 ◆

1. 生甜馅：生甜馅，是指用生原料加糖拌和而成的馅料。

2. 种类：生甜馅的常见种类有五仁馅、麻蓉馅等。

3. 选料要求：生甜馅多选用坚果类原料品种，如核桃、花生、腰果等，但它们油脂含量高，易受潮变质，产生哈喇味，并易生虫或发霉，所以必须选新鲜料，不能用陈年老货。

4. 形态要求：加工生甜馅料时，其形态应符合成品要求，如核桃仁形体较大，在制馅时应适当切小，但也不能切得过碎，以方便包捏为宜。

5. 加工要求。

（1）加工生甜馅时，加糖擦拌要匀而透，投放的白糖、粉料的比例要适当，还要加入少许饴糖、油或水，使馅料有点潮性，才利于擦拌。擦拌过程中要多翻动，使馅料裹糖均匀。

（2）馅料软硬适度。生甜馅中粉料与水的比例是否适当，将直接影响馅的软硬度。掺入粉料太多，会使馅儿结成僵硬的团块，影响馅的口味和口感。判断粉料与水的比例是否适当的最简单的方法是用手抓馅，能捏成团而不散、用手指轻碰能散开者为最好；捏不成团、松散的馅儿，说明湿度小，可适当加水或油、饴糖再搓擦，使其成团、碰而不散；馅儿粘手的，说明水分多，应加粉料擦匀。

6.主要工具：制作甜馅的主要工具是小秤、量杯、菜刀、砧板、容器等。

# 28
## 制馅 五仁馅

**主料** 白糖 2000 克、核桃仁 200 克、橄榄仁 150 克、杏仁 100 克、瓜子仁 100 克、芝麻仁 200 克

**配料** 甜橘饼 150 克、冬瓜糖 600 克、桂花糖 50 克、水晶肉 400 克、猪油 600 克、糕粉 700 克、水约 600 克

◆ 技能训练 ◆

1.将五仁选洗干净，然后烤香。将大粒的核桃仁、橄榄仁、杏仁剁成小粒。将甜橘饼、冬瓜糖切成小粒。

2.将加工好的果仁水晶肉与白糖拌匀，然后加水、猪油拌匀，最后加入糕粉调和成团便可。

## 小知识——制作面点常用的植物油脂

植物油脂，是指从植物的种子中榨取的油脂。常用的植物油，有茶油、豆油、花生油、菜籽油、芝麻油等。

1. 茶油：是指从油茶树结的油茶果仁中榨取的油脂，以我国南方丘陵地区产量为多。茶油呈金黄色，透明度较高，具有独特的清香味。茶油用于烹调，可起到去腥、去膻的作用。由于茶油味浓重，色较深，一般不适于调制面团或炸制面点。

2. 豆油：是指从大豆中榨取的油脂。粗制的豆油为黄褐色，有浓重的豆腥味，使用时可将油放在大锅中加热，投入少许葱、姜，略炸后捞出，去除豆腥味。精制的豆油呈淡黄色，可直接用于调制面团或炸制面点。豆油的营养价值比较高，几乎不含胆固醇，在人体内的消化率高。

3. 花生油：是指用花生仁经加工榨取的油脂。纯正的花生油透明清亮，色泽淡黄，气味芳香，常温下不浑浊，温度低于4℃时，稠厚混浊呈粥状，色为乳黄色。由于花生油味醇色浅，用途广泛，可用于调制面团、调馅和炸制油，特别是用花生油炒制出的甜馅，油亮味香，如豆沙馅、莲蓉馅等。

4. 菜籽油：将油菜籽加工榨取的油脂就是菜籽油。按加工精度分，可将菜籽油分为普通菜籽油和精制菜籽油。普通菜籽油，色深黄略带绿色，菜籽腥味浓重，不宜用于调制面团或用于炸制油；精制菜籽油，是经脱色脱臭精加工而成，油色浅黄，澄清透明，味清香，可用于调制面团或用于炸制油。菜籽油是我国的主要食用油之一，是制作色拉油、人造奶油的主要原料。

5. 芝麻油：又称麻油、香油，是用芝麻经加工榨取的油脂。按加工方法不同，可将麻油分为大槽油和小磨香油。小磨香油呈红褐色，味浓香，一般用于调味增香。

1.调制五仁馅时，应根据当地顾客的口味决定投放五仁、蜜饯的用量，但油、水、糕粉的比例要适当，否则馅心松散不成团或成熟时馅心瘫塌，都会影响成品的形状。

2.应先将大颗粒的果料加工成小粒，如果颗粒过大，在造型时会破皮漏馅。

3.拌馅时应先加水再加油，先加油会使馅料表面形成油膜，阻碍馅料吸收水分和糖。

# 29
## 制馅 麻蓉馅

◀ 准备原料 ▶

**主料**｜绵白糖 250 克、黑芝麻 150 克、生猪板油 250 克

**配料**｜熟面粉 25 克

## ◆ 技能训练 ◆

1. 将黑芝麻炒香碾碎成粉末。

2. 将猪板油去除表面的膈膜，搓擦成蓉。

3. 将绵白糖、芝麻末、猪板油、熟面粉搓擦均匀即可。

## ◆ 拓展空间 ◆

### 小知识——制作面点常用的专用油脂

专用油脂，是指将油脂进行二次加工所得到的产品，又称"特制油脂"，如起酥油、人造黄油、人造鲜奶油、色拉油等。

1. 起酥油：指精炼的动植物油脂、氢化油或这些油脂的混合物，经混合、冷却、塑化而加工出来的具有可塑性、乳化性等加工性能的固态或流动性的油脂产品。起酥油，一般不直接食用，而是用作食品加工的原料油脂。

2. 人造黄油：以氢化油为主要原料，添加适量的牛乳或乳制品、香料、乳化剂、防腐剂、抗氧化剂、食盐和维生素，经混合、乳化等工序而制成的油脂产品。人造黄油具有良好的延伸性，其风味、口感与天然黄油相似。

3. 人造鲜奶油：也称"鲜忌廉"。"忌廉"是英文"Cream"一词的音译。人造鲜奶油的主要成分是氢化棕榈油、酪朊酸钠、单硬脂酸甘油酯、大豆卵磷脂、发酵乳、白砂糖、精盐、油香料等。人造鲜奶油应储藏在 –18℃以下，使用时，在常温下稍软化后，先用搅拌器（机）慢速搅打至无硬块后改为高速搅打，至体积胀发为原体积的 10~12 倍后改为慢速搅打，直至组织细腻、挺立性好即可使用。搅打胀发后的人造鲜奶油，常用于蛋糕的裱花、西式面点的点缀和灌馅。

4. 色拉油：植物油经脱色、脱臭、脱蜡、脱胶等工艺，精制而成色拉油。"色拉"是英文"Salad"一词的音译。色拉油，清澈透明，流动性好，稳定性强，无不良气味，要求在0~4℃的环境下放置。色拉油是优质的炸制油，炸制的面点色纯，形态好。

### ◆ 温馨提示 ◆

1. 调制麻蓉馅时，一定要将芝麻炒香，火候适度，方能突出麻香的特点。

2. 必须将猪板油外层的膈膜清除干净，否则，馅心会粘牙。

3. 炒香芝麻的方法是用小火快速翻炒。

# 模块 10
## 熟甜馅

◀ 知识要点 ▶

1. 熟甜馅：是将原料制成泥蓉或碎粒状，再加糖炒制或蒸制成熟的一种甜馅。

2. 种类：熟甜馅的常见种类有豆沙馅、奶黄馅等。

3. 选料要求：制作熟甜馅时，原料要精良，如红小豆要个大饱满、皮薄，红枣要肉厚核小，莲子要个大色白，薯类要选用沙性的。

4. 加工要求：在熟甜馅的加工过程中，一般应将原料去皮、去核、去杂质，以保证馅料细腻。

5. 熟制方法：熟甜馅都要经过炒制或蒸制成馅。

6. 主要工具：制作熟甜馅的主要工具有小秤、量杯、菜刀、砧板、容器等。

# 30
制馅 **豆沙馅**

◀ 准备原料 ▶

**主料** | 红小豆 500 克、白糖 500 克

**配料** | 熟花生油 150 克

## ◀ 技能训练 ▶

1. 将红小豆洗净，加入清水约 2500 克，用旺火烧开，待豆子膨胀，改用中火焖煮，当豆子破皮开口时改用小火焖煮至豆子酥烂。

2. 将豆子放入细筛内加水搓擦、沉淀，沥干水分即成豆沙。

3. 将豆沙放入锅中加部分油、糖同炒，炒至水分基本上蒸发殆尽时，分次加入剩余的油，直至油被豆沙吸收便可离火。

4. 将豆沙装入容器中冷却，再在面上抹上熟花生油防止干皮。

## ◀ 拓展空间 ▶

### 小知识——油脂在面点制作中的作用

1. 增加营养，补充人体热能，增进食品风味。

2. 增强面坯的可塑性，有利于点心成型。

3. 调节面筋，降低面团的筋力和黏性。

4. 保持产品组织柔软，延缓淀粉老化，延长点心的保存期。

## ◀ 温馨提示 ▶

1. 应一次性放足水，若中途加冷水，豆子则难以酥烂。另外，煮豆时应避免用铲或勺等工具搅动，以免豆子间碰撞加剧，豆肉破皮而出，使豆汤变稠，容易煳锅、焦底。

2.炒豆沙时，一定要用小火，防止焦煳而影响口味。

3.炒出的豆沙不能接触生水，应放于干燥容器中，面上淋上熟油，起隔离作用，利于存放。

4.较稠的豆沙馅比较适宜制作油酥类点心，较稀的豆沙馅适宜制作发酵类点心。

# 31
## 制馅 奶黄馅

▲ 准备原料 ▶

**主料** | 鸡蛋10个、白糖2000克、黄油500克、精面粉400克、玉米粉100克、鲜奶1000克、吉士粉50克

▲ 技能训练 ▶

1.先将鸡蛋打入盆中搅打均匀，加入鲜奶、精面粉、玉米粉、白糖、吉士粉、黄油搅匀。

2.将盆放入蒸笼内蒸，蒸约5~10分钟打开笼盖搅一次，如此反复至原料成糊状熟透即可。

小知识——面点常用油脂的性能

油脂具有疏水性和游离性，在面团中它能在面粉颗粒表面形成油膜，阻止面粉吸水，阻碍面筋生成，使面团的弹性和延伸性减弱，疏散性和可塑性增强。油脂的游离性与温度有关，温度越高，油脂的游离性就越大。在食品加工中，正确运用油脂的疏水性和游离性，制定合理的用油比例，有利于制出理想的产品。

◀ 温馨提示 ▶

1. 蒸制原料时，要边蒸边搅，以使原料均匀受热不起粒，保证成品细腻软滑。

2. 要掌握好火候，控制好蒸汽量，以免焦底。

3. 注意投料顺序，油必须最后放，否则，馅料易起大颗粒。

# 第四篇 传统面点制作技术

经过历代中式面点师的不断总结、实践和交流，已创造出许多口味香美、工艺精湛、色形俱佳的面点制品，在国内外享有很高的声誉。

　　我国幅员辽阔、资源丰富，各地气候、地理环境、物产、民俗习惯、人文特点等又千差万别，使中式面点制品不仅花样繁多，而且具有浓郁的风格和特色。中式面点大体形成了广式、苏式、京式等传统风味流派。

# 模块 11
## 广式面点制作技术

◀ 知识要点 ▶

1. 广式面点：广式面点泛指珠江流域及中国南部沿海地区所制作的面点，以广东为代表，故称广式面点。

2. 广式面点特色：广式面点用料广泛，皮坯质感多变，除米、面外，还利用马蹄、芋头、红薯、南瓜、土豆等原料制坯；其馅心味道清淡，原汁原味，滑嫩多汁，讲究花色、口味的变化。

3. 代表性品种：广式面点琳琅满目，代表性品种有：弯梳鲜虾饺、蚝油叉烧包、鸡油马拉糕、生磨马蹄糕、伦教糕、糯米鸡、卷粉肠、南乳鸡仔饼、老婆饼、莲蓉甘露酥、咸水饺、蕉叶糍粑、蜂巢荔芋角、广式月饼等。

# 32
## 点心 弯梳鲜虾饺

◀ 准备原料 ▶

**皮料** ｜ 澄粉 500 克、生粉 50 克、水 750 克、油 25 克、盐 10 克

**馅料** ｜ 虾饺馅 800 克

## ◆ 技能训练 ◆

1. 揉制面团：将澄粉与生粉混合过筛，倒入容器中，加入盐，用开水烫熟，揉匀成面团。

2. 制作生坯：将面团搓条、切剂，每个剂 15 克。用刀拍成直径 8 厘米的圆皮，包入 15 克虾饺馅心，捏成弯梳形状的生坯，放入已刷好油的蒸笼内。

3. 蒸制成熟：将装有生坯的蒸笼上蒸锅，用大火蒸制 6 分钟即可。

## ◆ 拓展空间 ◆

澄粉，即小麦淀粉，是制作虾饺皮坯的原料。调制澄粉时，必须用沸水烫制。其面团的特点是色泽洁白，呈半透明状，可塑性强，质地细腻柔软、嫩滑、清淡、爽口。在调制时，可同时添加 10% 的优质生粉。

## ◆ 温馨提示 ◆

1. 必须保证烫面用的水温在 100℃左右。

2. 注意观察烫面的方法：往澄粉中加水时，要边加入沸水边用工具快速搅拌，一定要烫透烫熟，不得残留白色的生澄粉颗粒。

3. 烫好澄粉后，要在案板上揉擦成面团。

4. 掌握好蒸制时间，蒸过了头，皮坯会软烂。

5. 应掌握拍皮的方法：在拍皮刀和案台上应抹少许植物油，拍皮时，沿同一方向旋转，力度均匀。

# 33
## 点心 生磨马蹄糕

◀ **准备原料** ▶

**主料** | 马蹄粉 500 克

**配料** | 白糖 750 克、水 2800 克、碎马蹄粒少许

◀ **技能训练** ▶

1. 冲生熟浆：用 1/3 的水调稀马蹄粉成生浆，再用余下的 2/3 的水和白糖烧开成糖水，将适量生浆冲入糖水中，搅拌煮成较稀的熟浆冷却至60℃左右，与生浆混合成生熟浆。

2. 蒸制成熟：给模具刷上薄油，放入调好后的生熟浆进行蒸制，待蒸熟后冷却透，倒出切成块即成。

**小知识——马蹄粉**

马蹄，学名荸荠，盛产于广东、广西的低洼水田中，将马蹄磨成粉浆后晒干可作淀粉。广东厨师喜用马蹄粉制成透明有韧性的糕，如加些椰汁和牛奶，风味则更佳。

■ 温馨提示 ▸

1. 观察冲生熟浆的顺序，防止粉粒沉淀。

2. 掌握好熟浆的浓度，以挂勺为宜。

3. 一定要等到制品冷透才能倒出切块食用。

4. 掌握常用马蹄粉的吸水量。

# 34
点心 **蚝油叉烧包**

■ 准备原料 ▸

**皮料** ┃ 老酵面 500 克、面粉 150 克、白糖 125 克、泡打粉 10 克、碱水适量

**馅料** ┃ 蚝油叉烧馅 250 克

## ◢ 技能训练 ◣

1. 和面蒸样：将老酵面加碱水擦匀，同时加入白糖擦化，再与面粉、泡打粉和成面团；蒸样，观察老酵面的碱量是否合适。

2. 下剂包馅：将兑好碱的酵面搓条下剂，每个 25 克，包入馅心 10 克，拢上口，底部垫一方纸，放入蒸笼中。

3. 蒸制成熟：上蒸锅旺火蒸制 10 分钟，成熟即可。

## ◢ 拓展空间 ◣

### 小技巧——酵面兑碱

用感官判断面团的酸碱值，只能估出个大概，只有蒸样观察，才能准确确定面团内的实际酸碱值。试剂蒸样时，要从蒸熟后剂子的手感结构、表皮颜色、剖面内色和气味四个方面来分析判断：手感偏软、粘手、表皮色灰白有凹凸、无光泽、气味酸者，为轻碱；手感紧实、弹性大、表面开裂、外色明显呈黄色，内部黄色更深、气味有明显碱香味者，为重碱；手感松软有弹性、外色光亮洁白、有良好的面香味者，为正碱。

## ◢ 温馨提示 ◣

1. 注意观察老酵面的兑碱手法。

2. 掌握感官分析判断面团酸碱值的方法。

3. 蒸制时，必须保证火要旺、水要沸、汽要足、盖要严，中途不能随便开启蒸具的盖子。

4. 掌握老酵面的制作方法：一般是头天晚上发面，第二天早上使用，发酵时间在 8~10 小时内（根据天气冷热而定）。面团酸味重，面筋断裂呈絮状。

# 35
**点心 腊味萝卜糕**

◀ **准备原料** ▶

**主料**｜糯米粉 850 克、玉米淀粉 150 克、萝卜丝 2000 克、虾米 100 克、
腊肠丁 250 克

**配料**｜白糖 75 克、猪油 100 克、胡椒粉 5 克、绍酒 10 克、水 1750 克、
味精 15 克、盐 60 克

◀ **技能训练** ▶

1. 调制粉浆：将糯米粉、玉米淀粉放在盆中用 1/2 的水调成粉浆。

2. 烫浆加料：把余下的水和萝卜丝一起煮开，至萝卜丝转色熟透时，
加入调味料和粉浆搅拌均匀，烫成半熟糊浆，最后加入猪油、虾米、腊肠
丁拌匀。

3. 蒸煎成熟：给蒸盘抹油，倒入粉浆，抹平，入笼蒸约 1 小时。冷透
后倒出切块，然后煎至两面金黄即成。

◀ 拓展空间 ▶

小技巧——萝卜糕的另类做法

腊味萝卜糕是广式家常点心，在酒楼餐厅里更是人气点心。其以丰富的材料大大提升了萝卜糕的味道和香气！蒸好的萝卜糕可热乎乎地直接食用，也可蘸各种蘸料食用，都非常美味。其寓意步步高，因而成为过年时不能缺少的糕点。

做萝卜糕的配料丰俭由人，可素可荤。用的粉除米粉外，为使口感更佳，可加入澄粉。近年也有厨师全用玉米淀粉，可谓各得其所。

◀ 温馨提示 ▶

1. 要将萝卜丝煮熟、煮透，倒入粉浆后要煮至半熟。

2. 煮浆时最好用木铲，如用钢铲容易使浆发黑。

3. 要边入料边用力搅拌，让粉浆与颗粒状原料混合均匀。

# 36
点心 **珍珠咸水饺**

皮料 | 糯米粉 500 克、熟澄粉 125 克、白糖 150 克、猪油 125 克、水 350 克

馅料 | 猪肉 300 克、虾米 50 克、冬笋 150 克、香菇 100 克、盐、白糖、味精、生抽、胡椒粉、料酒、香油、葱白、水生粉适量

◂ 技能训练 ▸

1. 调制面团：将糯米粉与水和成湿糯浆，与熟澄粉、猪油、白糖擦匀成面团。

2. 制作生坯：面团出剂 25 克一个，包入用各种馅料调好的馅心 15 克，捏成饺形即为生坯。

3. 油锅炸制：起油锅，烧至 150℃左右，放入生坯炸至起珍珠小泡，熟透捞出即可。

◂ 拓展空间 ▸

**小知识——糯米粉团的特点与用途**

糯米粉团，由淀粉糊化产生黏性而形成面团，因面团软糯有黏性，可包制多卤汁的馅，成品有皮薄、馅多、卤汁多、吃口黏糯润滑、耐饥的特点。油汆团子、双馅团子、擂沙团子等就是用这类面团制成的。

◂ 温馨提示 ▸

1. 糯米粉、澄粉的比例要适当。如糯米粉过多，起泡会过大；如澄粉过多，则成品过脆，就会失去软糯的特色，起泡也不明显。

2. 炒馅时，调味要准，勾芡要适度。

3. 炸制时，先中火，后用中上火。糯米粉黏性较大，炸时油温不能过低，否则易粘连；油温过高又容易炸焦，不起珍珠小泡。宜用中火炸至饺

身略胀起，再用中上火炸至饱满定型。

# 37

点心 **鸡油马拉糕**

◀ **准备原料** ▶

**主料** | 酵面 500 克、白糖 375 克、鸡蛋 5 个、面粉 70 克、鸡油 150 克

**配料** | 泡打粉 4 克、碱水 7 克、小苏打 2 克、吉士粉 25 克

◀ **技能训练** ▶

1. 蒸盘刷油：将蒸盘洗净擦干，刷上薄油，待用。

2. 面粉过筛：将面粉和泡打粉混合过筛，待用。

3. 拌制面浆：将酵面放入盆中，分 3~4 次打入鸡蛋，与酵面擦匀；再加入白糖拌擦至白糖溶化；然后加入面粉、泡打粉、碱水、小苏打、吉士粉，拌匀；最后加入鸡油拌匀成面浆。

4. 醒发蒸制：给面浆加盖醒发 1 小时以上，待膨松起发，倒入蒸盘中，用旺火蒸制 25 分钟成熟，冷却后倒出切件即成。

小知识——马拉糕

马拉糕，是粤式茶楼的常备糕点，传统的制作方法是用酵面，蒸的时候不用糕盘而是将糕糊放在垫了布的竹蒸笼内直接受热，这样成品才会松软。现在一般用化学膨松剂，但糕体的质地欠细腻。

◀ 温馨提示 ▶

1. 注意要分 3~4 次打入鸡蛋并与酵面擦匀，加入白糖时，也要擦透至溶化。

2. 要灵活掌握碱水的量，调制好的面浆要醒发 1 个小时以上至膨胀松软方可使用。

3. 蒸制时，要旺火足汽。

4. 面团的醒发时间一定要充足，要根据季节调整酵面的发酵时间。

# 38

点心 **蜂巢荔芋角**

**皮料** | 荔浦芋 500 克、熟澄粉 500 克、猪油 200 克、盐、白糖、味精、胡椒适量

**馅料** | 细粒熟馅 600 克

◀ 技能训练 ▶

1. 准备芋泥：将荔浦芋去皮，切厚片蒸熟，趁热压成芋泥。

2. 调制面团：将熟澄粉与芋茸、猪油及调味料和匀成面团。

3. 出剂成型：皮料出 25 克剂子，包入馅心捏成角形。

4. 油锅炸制：入 180℃油锅中炸至呈蜂巢状、金黄色即成。

◀ 拓展空间 ▶

小知识——蜂巢荔芋角

蜂巢荔芋角，是以驰名中外的荔浦芋头为主要原料制作而成的一款点心，在两广茶楼中是必备茶点。它以质感酥松、口味鲜香醇正而深受人们的喜爱。因其表面呈蜂巢状而得名。

◀ 温馨提示 ▶

1. 要根据荔浦芋的含水量来确定投料的比例，荔浦芋含水量少时，要减量使用熟澄粉，而多放些猪油。

2. 控制好炸制油温，油温过低，成品会松散；油温过高，成品则不起蜂巢。

3. 包捏成型之前，可先用一小块面团试炸，根据试炸结果调整面团的投料比例。如试炸后成品过于松散，应在面团中加些澄粉；如试炸时不起蜂巢，则应在面团中加些猪油。

# 39
## 点心 广式莲蓉月饼

◆ **准备原料** ◆

**皮料** | 面粉 500 克、糖浆 375 克、花生油 50 克、碱水 10 克、莲蓉
450 克

**糖浆** | 白糖 250 克、清水 125 克、柠檬酸少许

◆ **技能训练** ◆

1. 熬制糖浆：将白糖加清水煮沸后，加少许柠檬酸熬制成糖浆。熬好
后一般放置 15 天再使用。

2. 调制面团：将面粉放在案板上开窝，加入糖浆、油、碱水，和成较
稀软的面团，擦透。

3. 出剂包馅：按面皮 35 克、莲蓉 90 克的规格出剂、包馅。

4. 成型烘烤：入模压制成型，脱模，摆放于烤盘中。刷上一层薄蛋液，
入炉用 220℃炉温烘烤至色泽金黄、熟透即可。

小知识——月饼

月饼属于时令性面点，季节性很强，每年的农历八月十五，中国人都有吃月饼、赏明月的习惯。月饼寓意"天上月圆，人间团圆"之意，是中秋节不可缺少的食品。其历史悠久，用料广泛，工艺精细，造型美观，美味香甜。广式月饼、京式月饼、苏式月饼最为著名。

◆ 温馨提示 ◆

1. 广式月饼的面皮为浆皮面团，其面团较稀软，要求擦匀、擦透。

2. 包馅时不能漏馅，四周的面皮厚薄要一致；入模成型时，要求用力均匀，脱模后保持饼身端正，花纹清晰；刷蛋液时要薄而均匀，以保持花纹清晰。

3. 烘烤时，要控制好炉温：炉温过高，月饼不易熟透，会出现"青腰""收腰"现象；炉温过低，月饼会出现开裂现象。

4. 应掌握用薄皮包大馅的操作手法。

# 40
点心 **象形佛手酥**

**主料**｜特制面粉500克、熟猪油180克、鸡蛋2个

**馅料**｜豆沙馅250克

◀ **技能训练** ▶

1. 调制面团：将特制面粉300克放置在案板上开窝，加入熟猪油80克和水120克，将水、油擦拌至油化开后，掺入面粉反复揉搓成水油酥面团；将特制面粉200克、熟猪油100克混合，用手掌反复推擦至不粘手成干油酥面团。

2. 揪剂擀制：将水油酥面团和干油酥面团分别揪成30个剂子，把干油酥面团包入水油酥面团中，擀开后卷起，将两头折起，压扁收口。

3. 制作成型：将收口向下，搓成鸭蛋形；把稍大的一头压扁，在上面竖切九刀（切透），或用剪刀剪切；将中间的七条向下折，将边上的两条分别折成大拇指和小拇指。

4. 烤制成熟：在生坯表面刷蛋黄液，放入面火为180℃、底火为160℃的烤炉中，烤20分钟后取出即可。

◀ **拓展空间** ▶

### 小知识——传统酥皮

佛手酥，是传统的酥皮类糕点。传统酥皮类糕点的皮是由两种面团组合构成的，外层是筋性的水油面团，内层是干的油酥面团，经包、擀、折叠、再擀、折叠或卷筒切件而成，层次分明。

用制作佛手酥的方法，可制作"小鸡酥""菊花酥"等。

◀ **温馨提示** ▶

1. 擀面团时，要注意用力均匀，以免起酥不好。

2.佛手的连接部分不要切（剪）得太深。

3.将大头压扁时，要用左手捏住小头，防止将馅心挤压出来。

# 41
## 点心 广式核桃酥

◀ **准备原料** ▶

**主料** | 面粉 1000 克、白糖粉 550 克、核桃仁 100 克

**配料** | 凝结猪油 500 克、鸡蛋液 100 克、小苏打 15 克、臭粉 15 克

◀ **技能训练** ▶

1.调制面团：将白糖粉、猪油、小苏打、臭粉擦匀，再加入鸡蛋液擦匀，然后拌入面粉和成面团。

2.下剂搓圆：面团下剂每个 40 克，搓成圆形。有时，可用手指在圆形面剂中间按出一个浅窝，供放桃仁用。按窝时，注意不能有裂痕。

3.码放面剂：将面剂放于烤盘中码放好，刷上蛋液。视制作需要，此时可在窝内放入半瓣核桃仁。

4.烤制成熟：将烤炉升温至 180℃，放入生坯，烘烤至成品自然摊开

成型、色泽麦黄后，出炉冷却即可。

## ◀ 拓展空间 ▶

小知识——碳酸氢铵

制作广式核桃酥需要使用化学膨松剂——碳酸氢铵，俗称食臭粉、臭碱，呈白色粉状结晶，有氨臭味，对热不稳定，在空气中易风化，固体在58℃、水溶液在70℃的条件下可分解出氨和二氧化碳，产气量约700毫升/克，易溶于水，稍有吸湿性，pH值为7.8。

与碳酸氢钠比，碳酸氢铵产气量大、膨胀力强。制作面点时，如果用量不当，容易造成成品质地过松，内部或表面出现大的空洞。

## ◀ 温馨提示 ▶

1. 和面时，要擦透、擦匀，不能有油脂外溢的现象。

2. 造型时，生坯不能有裂痕。

3. 掌握好炉温，以炉温先低后高为好。

4. 下剂要均匀，并整齐码放在烤盘中间，使生坯受热均匀。

# 模块 12
## 苏式面点制作技术

◀ 知识要点 ▶

1.苏式面点：苏式面点泛指长江中下游江、浙、沪一带所制作的面点，以江苏为代表，故称苏式面点。江浙一带是我国著名的鱼米之乡，物产丰富，为制作多种多样的面点提供了良好的物质条件。苏式面点包括南京、上海、苏州、淮扬、杭州等风味流派，各自有不同的特色。

2.苏式面点的特点：苏式面点大多皮薄馅多、滑嫩有汁，造型上注重形态，工艺细腻。其坯料以米、面为主，皮坯形式多样，除了水调面团、发酵面团、油酥面团外，还擅长调制米粉面团，如各式糕团、花式船点等。馅心用料广泛，讲究选料，口味浓醇、偏甜，色泽较深。肉馅中喜掺皮冻，成熟后鲜美多汁；甜馅多用果仁蜜饯。

3.代表品种：苏式面点品种繁多，有扬州的三丁包子、翡翠烧卖、千层油糕，淮安的文楼汤包、黄桥烧饼，苏州的糕团、花式船点、苏式月饼，上海的南翔小笼包、生煎馒头，杭州的小笼包，宁波的汤圆以及各式酥点等。

# 42

点心 **翡翠烧卖**

◀ **准备原料** ▶

**皮料** | 低筋面粉 500 克、青菜叶 1500 克

**馅心** | 绵白糖 350 克、熟猪油 250 克、精盐 5 克、蒸熟的火腿末 75 克

◀ **技能训练** ▶

　　1. 调制馅心：将青菜叶择洗干净，放入沸水锅中烫一下，待菜叶转色即捞出，然后投入冷水中浸漂，冷透后捞出，挤去水分，剁碎成泥再挤去水分，倒入盆中，加入绵白糖、猪油、精盐调拌均匀。

　　2. 调制面团：把面粉放入盆中，倒入适量沸水，搅拌成半熟面，再洒少许冷水，搓揉至面团软润光滑。

　　3. 切剂擀皮：把面团搓成长条，切剂（约 15 克 / 个），将剂子按扁并放在干粉中，用烧卖槌擀成中稍厚、边缘薄的荷叶形面皮。

　　4. 包馅蒸制：取面皮挑入馅心（30 克 / 个），随即将面皮收拢，使馅

心微露，形如石榴，在口上点缀少许火腿末，入笼中用旺火蒸 5 分钟，待到皮油亮不粘手时即成熟。

## ◀ 拓展空间 ▶

### 小知识——翡翠烧卖

翡翠烧卖是江苏地方传统名点，与千层油糕一道被称为淮扬"双绝"。据传，翡翠烧卖由扬州市富春茶社创始人陈步云首创，距今已有近百年历史。

其制作秘诀是"要得甜先放盐"，放盐提鲜衬甜，能保持叶绿素。翡翠烧卖皮薄馅绿，色如翡翠，糖油盈口，甜润清香，色感口感俱佳，深受当地民众喜爱。

## ◀ 温馨提示 ▶

1. 在烫青菜叶的沸水中加入适量食碱，以保持菜色碧绿。

2. 和面团时要揉匀揉透，待表面光滑时静饧一会儿。

3. 烧卖皮最好薄一些，这样既容易成熟又比较好吃。

4. 要用沸水旺火速蒸烧卖生坯，蒸至面皮不粘手、表面有弹性时为佳。

5. 要将青菜叶剁成泥状，以便调制的馅心成团，易于包裹成型。

6. 注意面皮应稍硬一些，以便成熟后制品不倒不塌，保证形态美观。

7. 要将烧卖皮擀制成荷叶形。

8. 一定要掌握好蒸制时间，切不可蒸过头，否则成品会软烂。

# 43
点心 千层油糕

◆ **准备原料** ▶

　　**主料** ｜ 面粉 500 克、酵面 500 克、猪板油 750 克、猪油 200 克、

　　**配料** ｜ 白糖 1000 克、红瓜丝 25 克、碱水适量

◆ **技能训练** ▶

　　1. 制馅：将猪板油撕去油膜，洗净，切成方丁，与白糖拌匀（最好腌制 1 周）成糖板油丁备用。

　　2. 调制面团：把面粉、酵面、碱水放入盆中，倒入适量沸水，搅拌搓揉至面团软润光滑、无酸味、无碱味，最后静置 10 分钟左右。

　　3. 擀制糕坯：取适量面粉撒在案板上，放上面团，翻滚几下，待面团不粘手时，用擀面杖轻轻擀成宽约 33 厘米、厚约 3 毫米的长方形面皮，边擀边撒面粉，防止粘连。然后在面皮上涂抹一层猪油，均匀地撒上白糖，再铺上糖板油丁，然后自右向左卷叠成 16 层的长条形，用两手托起，将其轻轻翻身，横放在案板上，用擀面杖轻轻压一遍（防止擀时脱层），

再用擀面杖自面团中心压向四边，边压边擀成长方形，再将左右两端各折回一点压紧（以防止蒸时漏出糖油），对叠折回后，用擀面杖轻轻压成边长 33 厘米的正方形油糕坯（每折 16 层，共为 64 层）。

4. 蒸至成熟：将正方形油糕坯放入垫有湿布的蒸笼内，均匀撒上红瓜丝，蒸至成熟。

5. 切配成型：待蒸熟的油糕坯凉透后，再切成边长 6 厘米 ×6 厘米的正方形或其他形状即成。

### ◀ 拓展空间 ▶

小知识——千层油糕

千层油糕是江苏地方传统名点，与翡翠烧卖一道被称为淮扬"双绝"。据传，由福建人高乃超创于清朝光绪年间，至今已有近百年历史。此点心层次清晰，菱形块，芙蓉色，半透明，糕分 64 层，层层糖油相间，糕面布以红绿丝，观之清新悦目，食之绵软嫩甜。这是前辈厨师们在长期操作实践中，吸取了"千层馒头"的"其白如雪，揭之千层"的传统技艺而创制出的。

### ◀ 温馨提示 ▶

1. 调制好面团应达到酸碱中和平衡，面团既无酸味也无碱味。

2. 擀皮时不能让面皮蘸上太多的干面粉，否则熟后会有影块。

3. 防止擀时脱层。

4. 防止蒸时漏出糖油。

5. 油糕生坯成型的擀制难度较大，应多练习才能掌握。

# 44
**点心 淮安汤包**

## ◀ 准备原料 ▶

**主料｜** 面粉 600 克

**馅料｜** 光鸡 2000 克、带皮蹄髈 2000 克、鸭掌 1500 克、蟹粉 500 克、
虾子 10 克、猪油 200 克、酱油 10 克、精盐 10 克、白糖 5 克、
味精 20 克、胡椒粉 2 克、黄酒 150 克、葱姜末 25 克、葱姜 50 克

## ◀ 技能训练 ▶

1. 制馅心：①将光鸡、蹄髈、鸭掌洗干净，放入沸水锅中烫一下，捞
起洗净，再入冷水，放葱姜、黄酒，用大火烧开，后转用小火煮至鸡、蹄
髈八成熟捞起，剥下蹄髈皮斩碎，放入原锅中，继续用大火将汤煮浓后，
过滤去渣。将鸡、蹄髈去骨，将肉切成粒状，与虾子一起下汤锅内略煮一
下。②锅烧热后放入猪油，待油微热时，将蟹粉、葱姜末、精盐同时下锅
略炒，烹入黄酒，待炒透后，倒入汤锅用大火煮一下，加入酱油、精盐、
白糖、味精、胡椒粉搅拌均匀，起锅装入盘内，冷却凝结成块后，再捏碎
即成淮安汤包馅心。

2. 和面：把面粉放入盆中，倒入适量冷水，搅拌并搓揉成软润光滑的面团。

3. 擀面皮：把面团搓成长条，下剂（每个约 15 克），按扁，并用工具擀成圆形面皮。

4. 成型：取面皮挑入馅心 30~50 克，随即将面皮收拢，并捏成 28 个褶子，使包子口微露，形如鲫鱼嘴状，即成生坯。

5. 成熟：将生坯入笼，用大火蒸 5 分钟，待其成熟即可取出。

## ◀ 拓展空间 ▶

### 小知识——淮安汤包

淮安汤包是江苏省淮安市传统的名点，也是苏式面点流派著名的代表性品种。特别是淮安市古镇河下文楼饭店陈海仙创制的老字号蟹黄汤包，在 150 多年前就闻名遐迩，誉满江南。它是借鉴干酵面串汤包的技艺，将传统蟹黄肉包，改为水调面蟹黄汤包，味道比传统蟹黄肉包更为鲜美，独具特色。此创新之举，深受食客们的赞誉。

凡到过淮安旅游的中外食客无不为有幸品尝到具有独特风味的文楼蟹黄汤包而齐声赞叹。特别是赶上重阳佳节时，人们争相购买文楼蟹黄汤包，更是一道独特的风景线。

### 小技能——蟹黄汤包馅心制作

蟹黄汤包的面皮变化不大，很多师傅在馅心上下工夫，制作出了许多新馅心。蟹黄汤包馅心的比例不是固定不变的，蟹黄和皮冻的比例有 4 种：1:1、1:2、1:3 和 1:4，其中，1:4 的效果最好，成本也最好控制。有的酒店除了添加蟹黄和皮冻，还增加了一点肉泥，减少了蟹粉的用量，制成皮冻汤包。也有的添加了虾仁和笋丁等，来调整口味。

1. 制作汤包最怕破皮漏汤，所以面粉一定要用筋度高的高筋粉。和面时添加少量"陈村枧水"和盐，饧面 20 分钟，可以有效增加面粉的筋度。和面时，也要一边搅拌一边加水，让水和面充分接触，以增加面团的韧性。

2. 制作面皮时，一定要让面皮中间略厚、边缘略薄，一来可以避免蒸好的包子在装盘时"掉底"，二来可以避免面皮被泡透，没有咬劲。

3. 给包子收口时要拧紧，千万不能有空隙，否则蒸制时面皮回缩会让包子开口漏汤。

4. 蒸汤包时，蒸汽不能过猛，否则会冲破面皮，导致汤汁外漏。建议最好用老式蒸笼。如果用蒸箱，将蒸汽量控制在中等即可。

5. 在给汤包装盘前，要用开水将盘子烫一遍，并沥干水分，这样既有保温作用，又能避免面皮与盘子粘在一起，夹不起来。

6. 由于刚出笼的汤包馅系液体状，食用时要用牙签在包子皮上戳一个小孔，吮吸而食，美不可言。

7. 汤包鲜味十足，食用时，姜丝和醋必不可少。客人吸完汤汁后，很难马上尝出馅料的鲜香，必须加点姜、醋调和一下。

8. 汤包成型的提褶手法难度较大，应多练习才能掌握。

# 45
## 点心 宁波汤圆

◀ 准备原料 ▶

**皮料** | 水磨糯米粉 1000 克、清水 500 克

**馅料** | 黑芝麻 100 克、白糖 250 克、生猪板油 200 克、

烤香面粉 100 克

## ◀ 技能训练 ▶

1. 制作粉团：给糯米粉加水搓揉成粉团。

2. 制作馅心：将黑芝麻炒香、碾碎。给猪板油去网衣，与黑芝麻、白糖、烤香面粉一起搓成馅心。

3. 包馅：将糯米粉团下剂 15 克，包入 7.5 克馅心，搓圆。

4. 成熟：将锅中水烧沸，下汤圆生坯，用旺火煮制。待汤圆浮起后，沿锅边加入冷水，反复两次后，捞出汤圆，盛在有糖水的小碗中即可。

## ◀ 拓展空间 ▶

### 小知识——宁波汤圆

中国元宵节的传统是吃汤圆，而汤圆最出名的就是宁波汤圆。宁波汤圆是浙江宁波著名的特色小吃之一，也是中国的代表小吃之一，它凭借香、糯、软、滑的特点赢得了大众的喜爱，成为闻名于世、妇孺皆知的美食。

《舌尖上的中国 3》的第七集《时节》中就对宁波汤圆做了专题介绍。据传，汤圆起源于宋朝，当时明州（现浙江宁波市）兴起吃一种新奇食品，即用黑芝麻、猪脂肪油、少许白砂糖做馅，外面用糯米粉搓成球，煮熟后，吃起来香甜可口，饶有风趣。

在浙江海边象山、慈溪、余姚一带的带角汤圆都是咸馅的，汤圆里面有肉丁、蛋丁、香干丁、黄豆芽丁、笋丁、蘑菇丁、葱末，海边人家还会添上牡蛎以提鲜。汤圆之所以带角，是因为咸馅的用料多为易散开的食材，例如鲜肉、蔬菜丁等，如果用搓圆汤团的手法，很难把馅料很好地包裹住，所以只能用类似饺子掐捏的方法收口，进而演变成带一个角的咸馅汤圆。这样的生坯造型也方便区分馅料的甜咸。

### ◀ 温馨提示 ▶

1. 挑选猪板油时，要选脂质厚实的。使用时必须耐心去筋除膜。

2. 搓揉汤圆需要十分耐心，务必使圆球均匀且表面泛着光泽。

3. 煮制时的火候不宜过大，三次滚起即可将生板油煮透。

4. 汤圆馅料有生有熟，有炒熟后裹进去的，也有生的鲜肉馅。

5. 要合理把握糯米粉团的软硬度，过软，汤圆会变形；过硬，不利于包馅。

6. 包馅时，馅心居中，做到不漏馅，使汤圆表面洁白。

7. 要掌握汤圆的成型手法，难度较大，应多多练习。

# 46

### 点心 苏式月饼

### ◀ 准备原料 ▶

**水 油 皮** ┃ 中筋面粉 200 克、猪油 67 克、白糖 7 克、清水 86 克

**油 酥** ┃ 低筋面粉 160 克、猪油 80 克

**肉松馅心** ┃ 炒好的绿豆馅 330 克、肉松 170 克

## ◆ 技能训练 ◆

1. 和水油皮：混合水油皮所需材料，揉成光滑的能出剂的面团，静置备用。

2. 制作油酥：混合制作油酥所需原料，用掌根反复推擦，擦匀后揉成团，静置备用。

3. 制作馅心：将炒好的绿豆馅和肉松混合均匀，然后分成 25 克 / 个，并搓圆备用。

4. 制作酥皮：采用小包酥的方法制作酥皮。规格是水油皮 18 克 / 个、油酥 12 克 / 个。

5. 包制馅心：将酥皮稍擀成圆形，将馅心放在酥皮上，用虎口慢慢往上推着包，包好后收口，朝下放在烤盘里。

6. 装饰月饼：将色素加水稀释，给印章蘸上颜色，然后用手压扁月饼生坯，盖上印章。

7. 烘烤月饼：将烤箱上下火的温度调至 180℃，待炉温达标后，将生坯入炉，烘烤约 20 分钟即成。

### 小知识——苏式月饼

中秋文化对华人影响巨大。"团圆、幸福、甜美、统一、和谐"是中秋文化的内涵和主旨，中秋月饼自然也就成为这一文化内涵和主旨的载体。

苏式月饼作为中国月饼的两大支系之一，对中国饮食和民俗文化的影响十分深远。

苏式月饼制作技艺源于唐朝、盛于宋朝。直至清乾隆三十八年（1773年）稻香村的出现，这项技艺才开始真正得到收集、整理、改良、创新和传播。

苏式月饼是用小麦粉、饴糖、食用植物油或猪油、水等制皮，用小麦粉、食用植物油或猪油制酥，经制作酥皮、包馅、成型、焙烤等工艺加工而成。苏式月饼分为甜、咸或烤、烙两类。甜月饼的制作工艺以烤为主，有玫瑰、百果、椒盐、豆沙等品种，咸月饼以烙为主，品种有火腿猪油、香葱猪油、鲜肉、虾仁等。其中，清水玫瑰、精制百果、白麻椒盐、夹沙猪油是苏式月饼中的精品。苏式月饼用材考究，富有地方特色。甜月饼馅料用玫瑰花、桂花、核桃仁、瓜子仁、松子仁、芝麻仁等配制而成，咸月饼馅料主要以火腿、猪腿肉、虾仁、猪油、青葱等配制而成。皮酥以小麦粉、绵白糖、饴糖、油脂等调制而成。

◀ 温馨提示 ▶

1. 水油皮与油酥的软硬度必须一致。

2. 制好的酥皮放置时间不宜过长，否则其容易干皮。

3. 根据行业标准，月饼的外形应完整、丰满，表面不略鼓，边角分明，不露馅，无黑泡或明显焦斑，不破裂，色泽均匀，有光泽；饼皮厚薄均匀，馅料含量不低于50%；软硬适中，果仁、子仁分布均匀，外表和内部均无肉眼可见杂质。

4. 制作水油皮、油酥时，最好使用猪油。

5. 包馅时，馅心居中，不漏馅，表面洁白。

6. 月饼包馅成型的手法不易掌握，难度较大，应多多练习。

7. 随着人们饮食观念的转变，在月饼生坯表面盖色素印章的做法越来越少了。

# 47
## 点心 香炸麻球

◀ 准备原料 ▶

**主料** | 水磨糯米粉 500 克、水 300 克、白芝麻 200 克

**辅料** | 白糖 200 克、小苏打 5 克

◀ 技能训练 ▶

1. 化糖：将白糖与 1/3 的水混合，溶化后备用。

2. 和面：将 2/3 的水烧开后与 1/2 的糯米粉混合搅拌，接着放入溶化后的糖水，然后加入小苏打和剩余的 1/2 糯米粉，最后揉搓成光滑的面团。

3. 成型：按 40 克 / 个的规格下剂，用双手揉搓成光滑的球形生坯。

4. 粘芝麻：将芝麻预先放入盘中，将球形的生坯在芝麻中打滚，让其周身粘上芝麻，再用双手稍搓，让芝麻粘牢，即成麻球生坯。

5. 成熟：锅内倒入油，烧至三四成热；放入麻球生坯，先小火炸制，炸到麻球变大一些浮在油上时，用漏勺不停地推压生坯。开始用力小点，后面用力大点，可以看到生坯体积在推压的过程中不断变大。再用漏勺不断搅翻，使其受热均匀。最后提高油温，待麻球外壳发硬、呈金黄色时，捞出沥油即成。

## ◆ 拓展空间 ◆

### 小知识——麻球

麻球是一种油炸面食，是流行于沪苏浙皖一带的经典小吃，其主要制作材料是糯米和芝麻，种类有无馅与有馅（如麻蓉、豆沙等馅料）之分。它在广东及港澳地区也是常见的贺年食品，在其他地区也是受欢迎的街边早餐。

麻球的外形滚圆饱满，色泽金黄，皮薄香脆，一口咬下去，软糯香甜，伴着白芝麻的香，绝对唇齿留香，因而深受老百姓的喜爱。

## ◆ 温馨提示 ◆

1. 放入生坯后，应用手勺沿锅边搅拌，以防粘底。

2. 用漏勺推压的过程中，麻球会借力反弹，体积会变得越来越大。所以要掌握好力道，力道太大会压破麻球，力道太小又起不到什么作用。

3. 要控制好油温，油温过高，成品就会出现外焦里不熟的现象。

4. 在炸制过程中麻球有时会爆开，这样容易被热油烫到，所以要特别注意。

5. 炸麻球的最佳油温是两段式，即开始炸的时候要低温，这时麻球的表皮不容易结皮，待里面的原料也加热到差不多温度的时候，麻球的体积就会达到理想的程度，这时就要加大火力提高油温，让其迅速结皮变脆。

6. 麻球生坯里的白糖要溶化均匀，否则成品容易出现黑点。

# 模块 13
## 京式面点制作技术

京式面点，泛指黄河流域及黄河以北的大部分地区所制作的面点，以北京为代表，故称京式面点。京式面点中尤以面食制作为专长，并有独到之处。

京式面点的坯料以面粉、杂粮为主，皮坯质感较硬实、筋道。馅心口味甜咸分明，味较浓重。甜馅，以杂粮制蓉泥甜馅为主，喜用蜜饯制馅或点缀；咸馅，多用肉馅或菜肉馅，肉馅多用"打水馅"制法，咸鲜适口，卤汁多，喜用姜、葱、酱、小磨香油等为调味料。

京式面点中富有代表性的品种有龙须面、银丝卷、一品烧饼、麻酱烧饼、天津狗不理包子、酥合子、莲花酥、萨其马、豌豆黄、艾窝窝、京八件等。

# 48
点心 **狗不理包子**

### ◀ 准备原料 ▶

皮料｜特制面粉600克、酵面375克

馅料｜猪肉425克、碱粉5克、酱油87.5克、味精5克、姜末4克、葱花35克、香油60克、骨头汤250克

## ◀ 技能训练 ▶

1. 调制馅心：将猪肉中的软骨、骨渣剔净，铰成肉馅，加姜末拌匀后，分批加入酱油和骨头汤，每次均搅上劲，待软硬适度时，放入姜末、葱花、味精、香油拌匀成馅。

2. 调制面团：将面粉 550 克与酵面一起放入盆中，加清水 275 克和成面团，盖上布使其发酵。加入碱水揉匀、搋透，稍醒面。

3. 生坯成型：在案板上撒上干粉，将面团放上去揉出光面，搓成长条，揪成 40 克的面剂，按扁面剂，擀成直径 8 厘米的薄圆皮，包入肉馅，包严收口。褶花要均匀，褶纹不少于 15 个。

4. 蒸制成熟：将制好的包子生坯放入蒸笼，用旺火蒸 6 分钟左右即成。

## ◀ 拓展空间 ▶

### 小知识——狗不理包子

狗不理包子是一道由面粉、猪肉等材料制作而成的小吃，始创于公元 1858 年（清朝咸丰年间），为"天津三绝"之首，既是中华老字号之一，也是京式面点流派中著名的代表性品种。狗不理包子的面、馅选料精细，制作工艺严格，外形美观，特别是包子褶花匀称，每个包子都不少于 15

个褶。刚出笼的包子，鲜而不腻，清香适口。

狗不理包子以鲜肉包为主，兼有三鲜包、海鲜包、酱肉包、素包子等
6 大类共 98 个品种。2011 年 11 月，国务院公布了第三批国家级非物质文
化遗产名录，"狗不理包子传统手工制作技艺"项目被列入其中。

## ◀ 温馨提示 ▶

1. 和馅时应注意投料顺序，搅好的馅儿须搅拌上劲，软硬适度。

2. 给包子捏褶时，大拇指要均匀地往前走，同时，食指配合，将褶推
开，做到褶花均匀、整齐美观，每个包子褶不少于 15 个。

3. 水沸后，才能将包子上笼蒸，否则包体会下塌。

4. 给酵面兑碱时，一定要将碱揉匀，否则会起碱斑。

5. 在制作时可灵活采用不同馅心。

# 49
**点心** 一品烧饼

## ◀ 准备原料 ▶

**皮料 |** 面粉 1000 克、芝麻 100 克、小苏打 2 克

**馅料 |** 桂花糖 25 克、核桃仁 25 克、青梅 25 克、香油 20 克、花生油
250 克、水 350 克

## ◀ 技能训练 ▶

1. 制作油酥：将 300 克面粉放入盆中，再将花生油烧到 180℃后倒入
面粉中搅拌，直到面粉与油混合均匀，呈浅黄色时取出凉凉，即为油酥。

2. 制作馅心：将核桃仁、青梅切成细粒，加入 50 克面粉及桂花糖、
香油一起拌成馅。

3. 制作面糊：另取 25 克面粉，加入 50 克水调成稀面糊。

4. 制作面片：将小苏打放入盆中，用 300 克温水化开，加入剩余面粉和成面团，将面团揉匀，放在案板上，擀成 6 毫米厚的长方形面片。

5. 制作生坯：把油酥放在面片上摊开、抹匀，卷成筒，揪成 40 个面剂，逐一按压成圆形。包上 10 克馅，收口朝下放在案台上，然后刷上一层稀面糊，粘上芝麻即为生坯。

6. 炸制成熟：起油锅，将油烧至 180℃，放入生坯，炸制金黄色，熟透捞出即成。

**◆ 拓展空间 ◆**

小知识——一品烧饼

一品烧饼是天津蓟州特色传统小吃，其体形圆扁，色泽金黄，内裹油酥，皮酥脆，馅香甜，味道极佳。据传说，清朝几代皇帝都非常爱吃，可见其美味程度是多么惊人。

1774 年的某一天，乾隆爷一次出宫到了蓟州（原天津蓟县）游玩，和珅就买了当地的一品烧饼给乾隆爷吃。乾隆爷看了看这形状扁圆、外层裹满芝麻的烧饼，心生欢喜，品尝后更是赞不绝口，连声说道："好，够一品！"下面人一听，皇帝给御封了，以后这烧饼就叫"一品烧饼"吧。

1. 调制油酥面时，要用 180℃的花生油，温度不宜过高，否则会外焦内生。

2. 馅料要居中包，不能漏馅。

3. 裹粘芝麻时，可轻拍面团表面使芝麻粘实，这样油炸时芝麻就不会脱落了。

# 50
# 点心 杂粮小窝头

◀ 准备原料 ▶

**主料┃**细玉米粉 400 克、黄豆粉 100 克、白糖 250 克、桂花糖 10 克
**配料┃**温水 150 克

◀ 技能训练 ▶

1. 调制面团：将细玉米粉、黄豆粉、白糖、桂花糖一起放入盆中，分次加入温水 150 克，用手揉匀，使面团柔韧有劲。

2. 搓条下剂：面团搓条，下 100 个小面剂。双手蘸水，将面剂揉软，

然后搓成圆球形，用拇指在圆球中间捏出个窝，使窝头上端成尖形。面团厚度为 4 毫米，内壁外表光滑时即成生坯。

3. 蒸制成熟：将生坯放入蒸笼中用旺火蒸约 10 分钟，熟后即成。

**◀ 拓展空间 ▶**

小知识——杂粮类制品

杂粮类制品，是指以玉米、小米、高粱、红薯、芋头、土豆等为主要原料，经过加工而成的制品。用杂粮制作食品，一般需要将原料加工成粉料或泥蓉，然后加水调制成面团，或与面粉掺和再加入水调制成面团，最后加工成制品。杂粮类制品原为清朝宫廷御膳房点心，后流传于民间，现已成为北京地方名点。

**◀ 温馨提示 ▶**

1. 小窝头成型时手要蘸水，以免粘手。

2. 蒸制小窝头时必须用大火，时间要够。

3. 注意小窝头表面要光滑，质地要柔软。

# 51
## 点心 京式莲花酥

**水油皮｜**面粉 500 克、起酥油 100 克、水 200 克

**油　酥｜**面粉 250 克、起酥油 125 克

**馅　心｜**莲蓉馅 400 克

◀ 技能训练 ▶

1. 和水油皮：将面粉过筛开窝，放入起酥油和水，拌匀，和成面团，揉匀至光滑，静置 20 分钟。

2. 擦制油酥：给面粉过筛，和入起酥油充分擦匀至细滑。

3. 生坯成型：将水油皮、油酥分别搓条出剂 25 克 / 个和 15 克 / 个，将油皮逐个包入油酥中，擀成长方形，随即卷起，折三下，再用手按扁，包入馅心后将收口朝下，在顶端切三刀成六瓣即为生坯。

4. 炸制成熟：烧油锅，待油温为 60℃左右，放入生坯，用小火炸至开花后，改用中火炸至熟透即成。

◀ 拓展空间 ▶

小知识——莲花酥

莲花酥属于油酥类制品，系京式面点的代表性品种，采用小包酥的方法起酥，因其形似莲花而得名。其成品具有工艺精细、造型美观、栩栩如生的特点。

◀ 温馨提示 ▶

1. 和面时，应掌握面团的软硬度。面团过软，层次会不分明，开花效果不会好；面团过硬，包馅时收口不牢不紧，易漏馅。

2. 起酥时不能破酥，以免层次不清。

3. 炸制时，油温到 60℃左右时下锅浸炸，后用中小火炸制成熟，否则

会影响开花效果。

4.切花瓣时，一要均匀，二要掌握好深度，否则会影响成型后的形态。

# 52
## 点心 香酥开口笑

**主料** | 面粉 500 克、白糖 225 克、猪油 30 克、芝麻 100 克

**配料** | 水 150 克、小苏打 2.5 克

◀ 技能训练 ▶

1.制作面团：面粉过筛后放在案板上开窝，在窝内放入白糖、水、小苏打，搅拌均匀至白糖溶化，擦入猪油后放进面粉和成面团。

2.制作生坯：将面团搓条、下剂（每个 40 克）。将面剂搓圆，粘上芝麻，再将芝麻搓实即为生坯。

3.浸炸成熟：将适量生坯放入约 60℃的油锅中进行浸炸，待生坯浮面、体积增大后再提高油温，炸至金黄色即可。

小知识——开口枣

　　开口枣，又称"开口笑"，是传统的中式小点心，老北京的著名油炸小吃。因其成品外脆内酥、香甜可口，在小小的面团表面裹上芝麻，炸到酥松，表面裂开如同"开口一笑"，因而得名。香酥开口笑因物美价廉，又陪伴在许多老顾客逝去的青春里，现已成为不可磨灭的记忆。

◀ 温馨提示 ▶

　　1.注意投料顺序，白糖溶化后才能加入猪油，否则，油脂颗粒会形成油膜阻止白糖颗粒溶于水中。

　　2.为使芝麻不易脱落，可在手掌中蘸少许冷水再用手掌搓圆生坯。

　　3.为保证制品外脆内酥，炸制途中要端锅离火或关火进行浸炸。

　　4.要掌握好投放生坯的数量，一次不能炸制太多，以免影响开花效果。

　　5.炸制时应注意控制好油温。因油温变化很快，稍有疏忽，便会炸焦。

# 53

点心 **京都锅贴饺**

**皮料** | 面粉 500 克、开水 150 克、冷水 150 克

**馅料** | 三鲜肉馅 750 克

1. 将 200 克面粉和成开水面团，将 300 克面粉和成冷水面团，然后将其揉和在一起成面团，静置待用。

2. 面团揪剂（15 克 / 个），擀成直径为 8 厘米、中厚边薄的圆皮，包入 15 克馅心，捏成 12~14 褶的月牙饺形生坯。

3. 将煎锅烧热，刷油；摆上生坯，稍煎一会；淋上适量面粉水（清水 50 克、面粉 20 克调匀即成），加盖，用中火焖熟；煎干，放尾油，煎至生坯底部呈金黄色。

### 小知识——锅贴饺

锅贴饺，又称"锅贴"，顾名思义，就是用铁锅煎的饺子。其形状因地域不同而不同，一般呈月牙形。据传，锅贴饺起源于北宋，后来从宫中传到了民间，又经过历代厨师们的不断研究和改进，最终成为今天的锅贴。

京都锅贴饺是中国著名传统小吃，属于煎烙馅类的小食品。其制作精巧，底面呈深黄色，酥脆，面皮软韧，馅味香美，常根据季节变化配以不同鲜蔬菜。

1. 注意观察面团的软硬度，面团过软，会使制品粘连。

2. 煎制前，一定要将煎锅洗净，先热锅再刷油。

3.控制好火候，先中火后小火。

4.要经常移动锅位，使锅贴均匀受热。

5.各地锅贴的成型手法稍有不同。如京式锅贴成型时只将皮坯拢上而不收口，馅心暴露在外；广式锅贴则为12~14褶的月牙饺形。

6.应特别注意，在煎锅内加入清水后需加盖，让生坯在水蒸气中焖熟。

# 模块 14
## 地方风味面点制作技术

地方风味面点，泛指我国各民族创造出的许多味道香美、工艺精湛、色形俱佳、流传甚广的面点制品。地方风味面点的品种繁多，富有代表性的品种有陕西的乾州锅盔、牛羊肉泡馍，海南的煎饼，湖北的东坡饼，四川的担担面、白蜂糕、赖汤圆，云南的鲜花饼等。

# 54
## 点心 川味担担面

### ◀ 准备原料 ▶

**主料** | 面粉 250 克、鸡蛋 1 个

**酱料** | 猪肉 200 克、猪油 5 克、绍酒 15 克、酱油适量、精盐 5 克、甜面酱 10 克

**底料** | 芽菜 30 克、红油辣椒 25 克、花椒面 15 克、葱花 30 克、味精 15 克、酱油适量、香醋 12 克、鲜汤 250 克

### ◀ 技能训练 ▶

1. 制作面条：将面粉过筛，加入清水 100 克、鸡蛋 1 个拌和均匀，揉成光滑的面团，醒放 15 分钟后擀切成人们喜爱的形状即可。

2. 制作面酱：将猪肉洗净，切成米粒状；炒锅上火烧热，放猪油，煸炒肉粒，待肉粒松散后加入绍酒、甜面酱、酱油、精盐炒制即可。

3. 配制底料：将芽菜洗干净，切末，与酱油、红油辣椒、花椒面、葱花、味精、香醋、鲜汤一起分装于碗中即可。

4. 制品成熟：将面条投入沸水锅中煮熟，分装于调好味的碗中，然后浇上面酱，撒几粒炒制好的黄豆即可。

◀ 拓展空间 ▶

### 小知识——担担面

担担面，是四川成都风味名点。相传，此点是由自贡市一名叫陈包包的小食商贩首创于 1841 年，因常挑担沿街叫卖而得名。

◀ 温馨提示 ▶

1. 将面条下锅时，应抖散面条，并以大火煮透。

2. 面酱要酥香，炒制时要先大火后小火，以便入味。

3. 煸炒面酱时，要炒干水分至吐油、酥香、入味。

# 55
**点心 重庆赖汤圆**

## ◀ 准备原料 ▶

**皮料** | 糯米 100 克、籼米 250 克

**馅料** | 黑芝麻 50 克、熟面粉 125 克、白糖 500 克、熟猪油 175 克

## ◀ 技能训练 ▶

1. 磨制吊浆：将糯米、籼米一起淘洗干净，用清水浸泡至米粒松脆，然后再淘洗至水色清亮，磨成极细的粉浆，用布袋吊干即可。

2. 制作馅心：将黑芝麻淘洗干净，用小火炒至酥香，碾成粉末，再与熟面粉、白糖、熟猪油擦匀，用滚筒压紧后切成 1 厘米见方的小丁。

3. 生坯成型：将吊浆粉子加适量清水揉匀，分成 100 个小剂。包馅成型后，将生坯搓成光滑的小圆球形。

4. 煮制成熟：将锅中水烧沸，下汤圆生坯，用旺火煮制，待汤圆浮起后，沿锅边加入冷水，反复两次后，捞出汤圆盛在放有糖水的小碗中即可。

小知识——赖汤圆

赖汤圆，是四川成都著名的特色点心。此点始创于1894年，原是由小贩赖源鑫挑担沿街叫卖，后又在总府街设店专营。因其制作的汤圆不但皮薄馅饱、滋糯柔软，而且煮不浑、不粘牙、不粘碗筷，所以备受人们喜爱。

◀温馨提示▶

1.炒制芝麻时，要用中小火并不停翻炒，防止有焦煳味产生。

2.煮汤圆时，应保持水沸而不腾。

3.生坯入沸水锅中煮至浮起，点清水1~2次，待汤圆软熟有弹性时即可出锅。

4.泡制籼米的时间应视季节而定，一般冬季稍长，为3~4天；夏季稍短，为2天左右。

# 56
点心 **海南香煎饼**

**主料** | 面粉 500 克、泡打粉 10 克、鸡蛋 4 个、温水 100 克

**配料** | 盐 20 克、味精 5 克、胡椒粉 7 克、五香粉 2 克、猪油少许、
蒜蓉 50 克、葱末 50 克

◀ **技能训练** ▶

1. 调制面团：将面粉和泡打粉混合过筛，放在案台上开窝。在面窝中打入鸡蛋、加入温水和成面团，将面团揉匀揉透至光滑，静置 15 分钟。

2. 制作生坯：将面团擀成薄片，刷上猪油，将盐、味精、胡椒粉、五香粉一起拌匀，均匀地撒在面皮上，再把蒜蓉、葱末拌匀撒在上面，然后由外向里卷成圆筒形，切段，擀成薄片的圆饼即为生坯。

3. 煎制成熟：起煎锅，放入较多的油烧至 120℃，放入生坯，用慢火煎炸，不断翻转使生坯两面均匀受热，炸至两面焦黄，即可取出装盘。

◀ **拓展空间** ▶

#### 小知识——海南煎饼

海南煎饼，是从山东煎饼和北方的葱油饼演变而来的。它是用油煎而成的时兴小吃，既有海南特色又有北方风味。

◀ **温馨提示** ▶

1. 应掌握面团的软硬度，上料时，应将配料撒匀。

2. 要将剂子擀成厚 1 厘米、直径 20 厘米的圆形生坯。

3. 可先用半煎半炸的方法让饼成熟。

# 57

### 点心 苏式东坡饼

◀ **准备原料** ▶

**主料** | 面粉 1000 克

**配料** | 鸡蛋清 2 克、精盐 7 克、小苏打 1 克、花生油 2500 克、白糖 450 克

◀ **技能训练** ▶

1. 调制面团：在盆内放入精盐、小苏打、鸡蛋清，加清水 500 克搅匀后，倒入面粉反复搓揉至面团光滑不粘手。

2. 醒发面剂：将醒好的面团稍搓条，揪成每只重 150 克的面剂，逐个搓成圆坨，摆放在盛有花生油的瓷盘中醒面 10 分钟。

3. 生坯醒发：将花生油均匀地抹在案台上，取出面剂逐个按成长方形薄片，从面皮两边向中间卷成双筒状，待醒发松弛后，拉成长约 100 厘米的面条，再从面条两端向中间盘成一大一小两个圆饼。将大圆饼放在底层，小圆饼叠在上面，再放在盛有花生油的盘中醒 5 分钟。

4. 炸制成熟：油锅中下花生油烧至 200℃，将生坯平放在锅中，边炸边拨动，待其浮起后翻面再炸，边炸边用竹筷拨动饼心，将饼炸到松而不散、色泽金黄时捞出，趁热撒上白糖即可。

### ◀ 拓展空间 ▶

#### 小知识——东坡饼

东坡饼，是湖北黄冈地区的传统小吃。据考证，东坡饼起源于北宋年间，相传是著名文学家苏东坡喜食的点心，后人为了纪念苏东坡，将该食品称为"东坡饼"。

### ◀ 温馨提示 ▶

1. 醒面时间因季节不同而不同，冬季需醒面约 1 小时。

2. 炸制东坡饼时，必须反复拨动生坯，防止着色不匀。

3. 醒面时间要足够，时间过短，面的筋力过大，不利于成型；时间过长，面的筋力过小，容易拉断。

# 第五篇

## 创新面点制作技术

中式传统面点技术创新，是指在面点生产过程中，使用新原料、新方法、新工艺、新设备等，创造出与原有中式面点品种有着不一样风味特征的面点品种。

　　面点创新的方法有很多：使用特色风味原料来改进面团口感，合理利用水果的色泽和香味来创新，制作新型馅心以及创造更有趣更吸引消费者的造型等。

# 模块 15
## 原料创新面点制作技术

原料类创新面点，是指适当使用新型原料，推出新的面点品种。例如：调制水调面团时，可以加入牛奶、鸡汤、水果汁等，代替水和面；或掺入鸡蛋、干酪粉、可可粉等，使面团增加特色；也可使用可食用天然原料榨汁后取汁入皮。

## 58
## 创新 美味流沙包

### ◀ 准备原料 ▶

**皮料**｜低筋面粉 300 克、水 165 毫升、酵母 4 克、糖 20 克、无铝泡打粉 5 克

**馅料**｜咸蛋黄 4 个、糖 35 克、黄油 40 克、牛奶 20 克、吉士粉 2 克、炼奶 15 克、粟粉 8 克、奶粉 10 克

### ◀ 技能训练 ▶

1. 制作馅心：将咸蛋黄蒸 10 分钟至熟，碾碎；将糖、黄油、牛奶、泡软的吉士粉隔水加热至熔化，然后加入炼奶、粟粉、奶粉、碎咸蛋黄搅拌均匀，制成馅料；将调好的馅料放入冰箱冷藏 1 小时。

2. 制作面皮：面粉中加入糖、酵母、泡打粉和水，揉至光滑，发酵至 2 倍大。揉搓面团至柔软适中，分成 10 个剂子。

3. 生坯成型：面剂中包入定型好的馅儿，收口朝下。

4. 蒸制成熟：蒸笼中铺屉布或者油纸，用大火旺汽蒸 10 分钟，关火焖 2~3 分钟后开盖取出即可。

### 拓展空间

小知识——流沙包

流沙包是粤式茶楼推陈出新的代表作品，它将西式常用原料黄油与中式传统原料咸蛋黄完美结合，既有浓郁的黄油香味，又有咸蛋黄的沙质感，营养价值更高。

### 温馨提示

1. 面团要和得稍软一些。

2. 碾蛋黄时尽量碾得细碎些。

3. 关火后不要马上开盖，过两三分钟再开盖，这样成品的外形会更好看且不塌陷。

4. 不可包太多馅心，否则容易溢出。

5. 吉士粉是一种增香剂，奶香味浓郁。

6. 要选用天然动物黄油，不宜选人造植物黄油。

7. 这款包子热量较高，患有高血脂的顾客不宜食用过多。

# 59
创新 **飘香榴莲酥**

◀ **准备原料** ▶

　　**水油皮**｜中筋面粉 300 克、高筋面粉 200 克、鸡蛋 60 克、白糖 8 克、
　　　　　　猪油 8 克、清水 180 克

　　**油酥皮**｜低筋面粉 300 克、土豆粉 200 克、起酥油 500 克

　　**馅　料**｜净榴莲肉 650 克、奶粉 350 克

◀ **技能训练** ▶

　　1.制作馅心：将榴莲肉和奶粉轻轻拌匀，以保持榴莲肉的筋络和香味。
用保鲜膜封好馅心，冷藏于冰箱，备用。

　　2.和水油皮：将中筋面粉和高筋面粉混合过筛，面粉中心开窝，加入
鸡蛋、白糖、猪油，反复擦匀；加入清水，揉至面团光滑有筋；用保鲜膜
封好水皮，放入冰箱冷藏 30 分钟。

3. 和油酥团：将低筋面粉、土豆粉混合过筛，与起酥油和匀擦透，使油酥面团有黏性；用保鲜膜封好油酥面团，放入冰箱冷藏 30 分钟。

4. 开酥冷藏：将冷藏后的水皮开薄至两倍于油酥大小；包入油酥，轻轻压平，再开成长方形，放入冰箱冷藏 30 分钟，待酥皮冰至稍硬后取出。将酥皮面团开薄，由两边向中间折成三折。放入冰箱冷藏 30 分钟。待酥皮冰至软硬适中，取出将酥皮开薄，由酥皮两端同时向中间折，开成"日"字形，放入冰箱冷藏 2 小时。

5. 制作坯皮：将冰好的酥皮用通心槌擀开至厚 1.5 厘米、长 60 厘米、宽 30 厘米的酥皮，用利刀分成三等份，将其叠成三层压紧，切成截面为边长 4.5 厘米的正方形，长度为 20 厘米的长条，用保鲜膜逐条封好。

6. 擀制坯皮：将坯皮切成 1.5 毫米厚的酥皮，把两片酥皮按横竖不同的纹路"十"字形叠加在一起成为一块坯皮，再将坯皮擀成 8 厘米见方的酥皮。

7. 包馅成型：给擀好的酥皮中包入 12 克榴莲馅，捏紧，收口，切除多余酥皮。

8. 油炸成熟：待油温升至 150℃时，把榴莲酥坯间隔排放在捞篱上，放入油锅中炸 2 分钟，再将油锅离开火位炸 3 分钟，至酥皮层次分明、颜色金黄，沥干油，放入纸托中。

◀ 拓展空间 ▶

### 小知识——榴莲酥

榴莲酥是时下颇为流行的一款具有东南亚风味的美食点心，它由起酥面皮和馅心两部分组成。其面皮为千层酥皮，馅心用热带水果榴莲的果肉制成，具有色泽金黄、层次分明、形如元宝、入口酥化、外酥内香、榴莲味浓郁等鲜明特点，是时下早茶或宴席中的高档点心。

1. 和水皮时，要反复揉透面团，以防制品断酥、漏酥。

2. 和油酥时，要将油酥面团揉匀揉透，以增加面团的韧性和酥性。

3. 制酥皮时，水皮和油酥的软硬度要一致。

4. 油炸时，应先高油温炸至定型，再低温炸至成熟。

5. 榴莲肉含有多种微量元素，营养价值高。

6. 榴莲气味比较特殊，部分人群可能不太接受，所以要因人而异来推荐。

# 60
## 创新 金丝薯蓉球

◀ 准备原料 ▶

紫薯 120 克、白糖 20 克、奶油 15 克、糯米粉 50 克、豆沙馅 50 克、黄心红薯 150 克

◀ 技能训练 ▶

1. 制紫薯团：紫薯去皮，切厚片，入蒸笼蒸约 30 分钟，取出压成泥；

加入白糖、奶油擦匀，加入糯米粉，和成紫薯团，备用。

2.制红薯丝：黄心红薯去皮，切成 1 毫米见方、长 5 厘米的细丝。

3.制作生坯：将紫薯面团下剂成 25 克，包入 5 克豆沙馅，搓圆，蘸上红薯细丝，成生坯。

4.炸制成熟：将油烧至 150℃，把生坯间隔摆放在捞篱上，慢慢放入油锅，炸至表面起金丝、色泽金黄时捞起，沥干油，装入锡纸托即可。

## ◀拓展空间▶

### 小知识——紫薯

紫薯，又叫黑薯，薯肉呈紫色或深紫色。它除了具有一般红薯的营养成分外，还富含硒元素和花青素。硒是人体抗疲劳、抗衰老、补血的必要元素；花青素具有一定的预防高血压、缓解视疲劳的功效。

## ◀温馨提示▶

1.蒸好紫薯后，要趁热压成泥，尽快加入白糖、奶油擦匀。

2.紫薯泥中加入糯米粉的量要视紫薯的含水量而定，以不粘手为宜。

3.生坯蘸红薯细丝前，先给红薯细丝洒少许清水使其回软，这样容易粘牢。

4.炸制时，150℃下锅，炸 3 分钟后离火，然后慢慢炸至酥脆。

5.炸制时要时刻关注油温的变化，油温过高，会使成品外焦内不熟；油温过低，成品则易散开。

6.紫薯含有氧化酶，食用后肠胃容易产生气体，不宜多吃。

# 61

## 创新 咖喱眉毛酥

**◀ 准备原料 ▶**

**水油皮** | 中筋面粉 200 克、细白糖 20 克、猪油 50 克、清水 90 克

**油酥皮** | 低筋面粉 250 克、猪油 130 克

**馅　心** | 牛肉碎 100 克、洋葱丁 50 克、白糖 5 克、盐 2 克、
　　　　　 咖喱粉 3 克、沙拉油 10 克

**◀ 技能训练 ▶**

1. 和水油皮：将水油皮原料中的细白糖、猪油擦匀，加入面粉、清水，揉至面团纯滑，静置 15 分钟。

2. 和油酥团：将油酥原料中的猪油擦至细腻，加入面粉，和成油酥面团。

3. 制作面坯：将水油皮下剂，每个 21 克，包入 9 克油酥，用擀面杖擀薄卷成条状，再折三折，成小包酥面坯，用保鲜膜盖好，备用。

4. 制作馅心：将锅烧热，把牛肉碎用温油炒熟盛起。另起锅，将洋葱丁炒香，加入牛肉碎、咖喱粉、盐、糖调味，起锅成馅心。

5. 制作生坯：把小包酥面坯擀成直径为 8 厘米的圆形面皮，加入 10 克牛肉馅，捏紧呈半圆形，用捏边包法，将酥皮边捏出花纹，成为眉毛酥生坯。

6. 烤制成熟：将生坯整齐摆放在烤盘里，表面刷上蛋黄，用上火 200℃、下火 170℃烘烤 25 分钟，至表面金黄色即可。

## ◀ 拓展空间 ▶

### 小知识——咖喱

咖喱最早起源于印度，它是由多种香辛料调和而成的一种调料。其利消化、促循环，在烹饪中可提辣、增香、去腥、和味，增进人的食欲。

## ◀ 温馨提示 ▶

1. 水油皮和油酥皮的软硬度要一致，否则开酥时酥皮易爆裂。

2. 制馅时不能放太多油，否则容易漏馅。

3. 成型时，捏边要紧，否则烘烤时易漏馅。

4. 烘烤前，要给生坯刷两次蛋液，这样烤出的成品色泽会更好。

5. 在烘烤眉毛酥时，应提前预热烤炉。

# 62
# 创新 木瓜雪媚娘

## ◀ 准备原料 ▶

皮坯｜糯米粉 180 克、粟粉 40 克、白糖 30 克、热水 10 克、牛奶 200 克、黄油 10 克

馅心｜淡奶油 150 克、糖粉 10 克、木瓜 50 克

## ◀ 技能训练 ▶

1. 准备工作：把 120 克糯米粉、40 克粟粉混合均匀；白糖加入热水溶解，制成糖水。

2. 制作面团：将混合粉、糖水、牛奶及熔解的黄油一起拌匀，过滤，用容器盛装。放入蒸笼内，蒸约 25 分钟至成熟，取出，冷却备用。

3. 将糯米粉 60 克用小火炒熟，成熟糕粉。

4. 制作馅心：把淡奶油打至湿性发泡，加入糖粉拌匀；将木瓜去皮，切成 1 厘米见方的小丁，备用。

5. 制成生坯：把冷却的面团下剂，每个 35 克，擀成 10 厘米的圆形面皮，放入小盏内；加入打发淡奶油，放上木瓜丁，用提褶包法给面皮包上馅心，捏紧，制成生坯。

6. 冷藏成型：将生坯反放在纸杯上，入冰箱冷藏。

## ◀ 拓展空间 ▶

### 小知识——雪媚娘

雪媚娘，是近年非常流行的一款冷食点心，因其外皮 Q 弹，内馅奶香怡人，口感丰富，广受年轻人喜爱。

## ◀ 温馨提示 ▶

1. 刚蒸好的面团较黏，要冷却后才能操作。

2. 雪媚娘面皮要薄，口感才会更 Q 弹。

3. 在成型时，撒些熟糕粉可以防粘连，但收口要紧，以免漏馅。

4. 因木瓜雪媚娘是一款冷食品，故在操作成型时，一定要戴上手套，且注意器皿洁净卫生。

# 模块 16
## 造型创新面点制作技术

    传统面点的形状很单一，我们可以在其基础上创新造型，比如引入一些卡通动物和植物形象，使面点变得生动有趣。对其成熟方法也可以进行创新，原先是蒸熟的可以换成煎熟的，如蒸饺、包子也可做煎饺、煎包子；原先炸制的如油酥，也可以换成烤制的。

## 63
### 创新 水晶绿茶糕

**◀ 准备原料 ▶**

    马蹄粉 100 克、三花淡奶 100 克、水 600 克、白糖 150 克、生粉 25 克、绿茶粉 10 克

1. 制作生浆：将 300 克水，100 克三花淡奶、100 克马蹄粉、10 克绿茶粉、25 克生粉混合调匀，用细筛过滤，成为生浆。

2. 冲生熟浆：将剩余 300 克水、150 克白糖烧开成糖水，再将适量生浆冲入糖水中，搅匀，煮成合适的熟浆。把熟浆缓缓冲入生浆中，搅拌均匀，成生熟浆。

3. 蒸制成熟：给容器刷薄油，倒入生熟浆，面上覆盖一层保鲜膜，中火蒸熟。待冷却后切件即可。

### 小知识——绿茶糕

水晶绿茶糕用绿茶粉与马蹄粉制作而成，是一款时令美食。其中的绿茶具有提神、清热的功效。

1. 调好生浆后，要用细筛过滤除去杂质和颗粒。

2. 冲生熟浆时，应慢慢加入，边加边搅拌，防止粉粒沉淀。

3. 蒸制时，容器上要覆盖一层保鲜膜，以防止水珠滴落影响成品质量。

4. 应选用纯正马蹄粉。

5. 三花淡奶也可用牛奶代替。

6. 蒸熟后的水晶绿茶糕一定要待其冷透后才能脱模切件。

# 64
### 创新 田园南瓜饼

### ◀ 准备原料 ▶

主料▕ 净南瓜500克、莲蓉馅300克

配料▕ 糯米粉250克、澄面25克、白糖25克、猪油50克

### ◀ 技能训练 ▶

1.制作面团：将南瓜蒸熟，用纱布挤干水分，加入糯米粉、澄面搓匀。加入白糖、猪油擦匀成团。

2.蒸制成熟：南瓜面团下剂，每个25克，包入莲蓉馅10克，放入饼模中成型，然后蒸熟。

3.炸制成品：起油锅，将南瓜饼放入150℃的油锅中炸成金黄色即可。

### ◀ 拓展空间 ▶

#### 小知识——南瓜饼

南瓜饼是近年来人们创新的一款面点品种，它以南瓜为主要原料，配

以糯米粉、澄面、白糖、猪油等辅料，经包馅成型，是一款美味的养生面点。

◀ 温馨提示 ▶

1. 宜选用质地香粉的老南瓜。
2. 一定要将南瓜蒸熟并挤干水分后再加入其他辅料。
3. 最好先蒸再炸，这样易于掌握成品的形状和色泽。
4. 根据蒸熟的南瓜的水分含量，增加或减少粉料。
5. 炸制南瓜饼时最好放在捞篱上炸，这样不易粘底变焦。

# 65
## 创新 冰皮小月饼

◀ 准备原料 ▶

**皮料┃**糖浆 500 克、葡萄糖浆 50 克、白奶油 40 克、三洋牌糕粉 120 克、熟玉米淀粉 50 克

**馅料┃**白莲蓉 400 克

## ◀ 技能训练 ▶

1. 制作饼皮：将糖浆、葡萄糖浆混合，加入熔化后的白奶油，搅匀；倒入三洋牌糕粉、熟玉米淀粉，拌匀成冰皮面团；将面团静置约 20 分钟，视其软硬度增减熟玉米淀粉，调节饼皮至合适的软硬度。

2. 制作生坯：饼皮下剂，每个 35 克，包入 15 克白莲蓉。

3. 入模成型：将生坯放入模具压实、压平，脱模后入冰箱冷藏。

## ◀ 拓展空间 ▶

### 小知识——冰皮月饼

冰皮月饼是一款中秋节食品。它于 20 世纪 80 年代从香港传入内地。它由熟糯米粉（三洋牌糕粉）、糖浆等原料做成月饼外皮，经擀皮、包馅、模具成型等工序制作而成。

## ◀ 温馨提示 ▶

1. 和好饼皮后一定要静置，让粉料与糖浆充分混合均匀后才能使用。

2. 做好冰皮月饼后，最好密封包装冷藏于冰箱。

3. 三洋牌糕粉是一种熟制糯米粉。

4. 熟玉米淀粉是用去皮玉米粉经炒锅小火炒熟而成。

5. 冰皮月饼不用加热即能食用，故在操作过程中应保持工具和环境的洁净卫生。

# 66
## 创新 象形元宝酥

## ◀ 准备原料 ▶

**皮料** ｜ 中筋面粉 500 克、猪油 175 克、清水 125 克、鸡蛋 1 个

**馅料** ｜ 莲蓉馅 200 克

1. 水油面团：面粉过筛，取 200 克加清水、猪油调和成面团，搓匀，揉透成水油面团。

2. 油酥面团：取面粉 200 克，加猪油 100 克擦透成油酥面团。

3. 擀制成型：将油酥 8 克包入 20 克水油酥皮中，收口朝上，按扁，擀成长方形，叠成三层，再擀成长方形，顺长边卷成圆筒状。用刀切成长段，顺长边剖成两个半圆柱体。

4. 捏制成型：将刀切面朝上放，用手轻压，擀成长方形面皮；将酥纹面朝下放，涂上蛋液，放 10 克莲蓉馅，收口捏拢向下，再用手捏成椭圆形，将两头按扁，然后将两端合上，使之形如元宝。

5. 炸制成熟：将油烧热至 90℃，放入生坯，炸至起酥；待酥坯浮起后逐渐提高油温，炸至成品呈淡黄色即可。

◆拓展空间▶

**小知识——元宝酥**

元宝酥是用水油酥皮经包馅、烘烤或炸制而成，形似金元宝，故名。

◆ **温馨提示** ▶

1. 水油酥皮与油酥皮的软硬度要一致。

2. 擀酥皮时用力要均匀，避免乱酥。

3. 成型时，要捏牢收口。

4. 炸制时的油温应先低后高，避免油温过高，不起酥。

5. 分割酥皮的刀具要薄而利。

6. 擀制酥皮时撒粉要均匀，以免酥层不清晰。

# 后 记

在本套教材的开发中，我们抓住职业教育就是就业教育的特点，强调对专业技能的训练，突出对职业素质的培养，以满足专业岗位对职业能力的需求。为便于教与学，我们将整套教材定位在教与学的指导上，意在降低教学成本，更重要的是让学生通过教与学的提示，明了学习的重点、难点，掌握有效的学习方法，从而成为自主学习的主体。

《中式面点制作》第 1 版教材由桂林市旅游职业中等专业学校王悦、秦辉、阳德明、张哲在 2008 年首版《中式面点制作教与学》的基础上修改编写，由王悦任主编，秦辉、阳德明、张哲任副主编，图片由闭春桂、高毅、王悦、阳德明拍摄。该版教材保留了《中式面点制作教与学》中的经典面点，同时更新了近十年来烹饪行业流行的面点及其做法，按照广式、苏式、京式及地方风味点心的制作技术对传统点心制作技术进行了分门别类的介绍，并新增了原料创新面点制作技术和造型创新面点制作技术。

《中式面点制作》第2版教材由原班人马在第1版基础上修订完成。此次修订，精选了中式面点基本功及五道经典面点的制作过程，拍摄制作了六个教学微视频，具体包括中式面点制作基本操作技术、佛手酥的制作、马蹄糕的制作、虾饺的制作、月牙煎饺的制作以及芝麻软枣的制作，内容涉及原材料的准备、操作过程及操作关键三部分。

　　本教材需458课时（含拓展空间部分灵活把握的30课时），供2年使用。在教材的使用过程中，可根据需要和地方特色增减课时。

　　由一线教师编著的教材实用性强，加之与市场接轨和向行业专家讨教，使本教材具有鲜明的时代特点。本教材既可作为烹饪专业学生的专业教材，也可作为烹饪培训班教材。

　　教材的编写是一个不断完善的过程，恭请各位专家对本教材批评指正。

作　者

# 《中式面点制作》第 2 版
## 二维码资源

　　《中式面点制作》是国家新闻出版署"2020 年农家书屋重点出版物"，为中等职业教育餐饮类专业核心课程教材，分为中式面点厨房基础、基本操作技术、制馅技术、传统点心制作技术以及创新点心制作技术共五篇、16 个模块、66 个教学点。第 2 版教材配有 PDF 及视频教学资源。

总码

**PDF · 书中彩图在线欣赏**

**MP4 · 《跟我学做中式面点》微视频**

　　本视频是国家新闻出版署"2020 年农家书屋重点出版物"《中式面点制作》的配套教学资源。视频根据中餐岗位实操需要，选择典型工作任务拍摄制作了中式面点制作基本操作技术、佛手酥、马蹄糕、虾蛟、月牙煎饺、芝麻软枣 6 个教学微视频。通过观看教学微视频，能够更直观地把教学重点和难点讲解到位，提高学生对专业知识的理解能力和动手能力，以便全面系统地掌握中式面点的制作要领。

1. 基本操作技术

2. 佛手酥的制作

3. 马蹄糕的制作

4. 虾饺的制作

5. 月牙煎饺的制作

6. 芝麻软枣的制作